U0276856

高等院校小学教育专业教材

初等数论

（第2版）

李同贤　编著

资源下载

復旦大學出版社

第2版前言

本教材自2018年6月出版以来，深受广大师生欢迎，已印7次，印数不断增加.

教育部本月下发了《关于加强小学科学教师培养的通知》. 这将有力促进各院校本专业全科方向的课程方案由"重文轻理"优化为"文理平衡"，有力促进数学、科学、信息技术等培养方向的课程方案更趋科学合理. 本教材将为其提供强有力的支持!

近几年，小学教育专业生源质量不断提高. 这次改版保持了原有内容和特色，充实了四则运算和同余方程组的内容，增加了多元一次不定方程、无穷递降法和一些例习题，丰富、完善了数字资源库(扫描封底二维码可下载阅读).

为了更好地服务于教学，与该版本同时配套出版了《初等数论学习辅导与习题详解》.

欢迎广大读者反馈宝贵意见，共同打造精品，惠及更多师生.

作　者

2022年5月

第1版前言

高等院校开设小学教育专业的近二十年来，为该专业出版的几本专业基础课教材《初等数论》，与其他专业使用的同名教材相比，在结构、选材和知识点的处理等方面，各有创新成功之处.

近几年，高等院校招生规模的不断扩大，教学改革的不断推进，都对教材的编写提出了新的要求.

为了适应当前小学教育专业教学的需要，编写“博采众家之长、贴近教学实际、蕴含教育新理念、理例相应、乐学乐教”的初等数论教材已是当务之急！

近几年，作者结合自己参编和编著教材的经验，结合自己长年在第一线使用和研究同类教材的经验，以数学教育学理论为指导，自编讲义并经几轮试用、修改和完善，锤炼成这本《初等数论》，现在分享给大家.

本书主要内容包括：整数的整除性、同余和同余方程、不定方程、连分数. 每节配有习题，每章配有自测题、研究题和拓展阅读，书末提供了各类题目的答案或提示，还提供了教学答疑和各类题目的详细解答等资源(具体请扫封底的二维码).

本书主要特点如下：

一、从需要与可能出发，严格控制难度，精选必要的知识内容和方法. 选配贴切、典型、丰富、有趣的例子. 着力解决该课程教学中长期存在的“内容抽象难以理解，方法多变难以把握”的问题.

二、力求遵从由具体到抽象、由特殊到一般、由简单到复杂的认知规律，注重体现思维方法和过程，着力提高学生的数学思维能力.

三、注重体现解决问题方法的多样性和最优化，提供探索思考的空间，注意培养学生的优化意识和探索精神.

四、每章末提供的研究题和拓展阅读，既有本学科经典知识或方法的背景，又能够激发学生的学习兴趣和求知欲望.

五、注重体现师范性,选材力求为学生将来从事小学数学教学和特长生辅导,提供知识基础和方法平台.

此外,本书注重结构的科学与简明,表述的通俗与流畅.开篇绪论学习意义、内容和注意事项,结尾附录数论史概说等.

本书可作为高等院校小学教育专业和小学教师继续教育的教材使用,也可供中小学师生等其他读者参考阅读.

今年1月,中共中央、国务院下发了《关于全面深化新时代教师队伍建设改革的意见》,这将给小学教育专业的生源状况带来可喜变化!本书具有较好的适用弹性,届时教学内容可以酌情微调.

针对专业特点,建议在一年级安排大约70学时.适当控制教学进度和节奏,避免课堂内大容量、高密度、快节奏的习惯教法,力求安排多向交流环节,给学生消化吸收的时间.

在本书编写和出版过程中,作者参考了一些相关书籍,得到了专家、同行和学生们的大力支持,得到了出版社编辑、领导和工作单位领导的大力支持,在此一并致谢!

作者试图打造精品但错误难免,完善作品终需读者意见,请广大读者不吝赐教!意见反馈邮箱:bsltx@163.com.

作　者

2018年2月

目 录

绪　论

学习初等数论的意义、内容和注意事项

数学是科学之王(高斯),是自然科学通用的语言和工具,是人类文化构成的要素之一,也是个人文化素质构成的要素之一.

数论是数学之王(高斯),其研究对象是整数的性质,内容高度抽象而神奇,方法极其灵活而多变.它包括初等数论、代数数论和解析数论等分支学科.

初等数论是数论的基础,它主要用算术方法从结构而非运算的角度研究整数最基本的性质.其知识内容和思想方法,是数学思维链条中不可或缺的重要环节.

这本《初等数论》,作为小学教育专业的教材,选取了初等数论中最基本、最重要、最简单、与小学数学联系密切的知识内容和思想方法.

1. 学习初等数论的意义

数论作为一门学科,古老而又兴盛不衰,在近现代更是充满着生机与活力.希尔伯特(Hilbert)在一位数论学家的著作序言中写道:"数论是其他科学的典范,是一切数学知识无比深刻、永不涸竭的源泉;它总是毫不吝惜地鼓动其他数学分支的深入研究.……在数论中,历史上最古老的问题往往是今日最时兴的,犹如古代的一件真正的艺术精品."迪克森(Dickson)在其著作《数论史》中说:"数论一头连着几乎每一位著名数学家,另一头连着广大业余爱好者,而在数学的其他分支,这种现象是看不到的."

哈代(Hardy)说:"初等数论是一种极好的早期数学教育的素材,它需要的预备知识少,材料很实在,可以触摸得到,又为人们所熟悉;……在数学科学中它非常独特,能够激发人们天然的好奇心.花上一个月的时间,进行富有智慧的数论启蒙教育,将带来双倍的效益和作用,比起同等数量的微积分,更是十倍地有趣."

初等数论中蕴涵着丰富而有趣的开发智力、培养探索能力的素材,蕴涵着独特、重要的数学思想方法.

学习初等数论,对小学教育专业的学生来讲,可以健全自己的数学知识结构和能力结构,可以提高自己的数学文化素质,可以为将来从事小学数学教学和特长生辅导奠定知识基础、提供方法平台.

2. 学习初等数论的内容

这本《初等数论》的内容,包括整数的整除性、同余与同余方程、不定方程、连分数.

整除理论是初等数论的基础,它主要对涉及算术除法的内容,作抽象、系统、深入的研究. 看似简单,实则内涵极其重要而深刻. 本书将整数的整除性安排在第一章,其主要内容是整除性、分解质因数、最大公因数理论,其第2节和第7节从初等数论研究对象的角度看似乎可有可无,但从对师范生未来工作需要和培养数学思维能力的角度看却意义非凡.

同余理论是初等数论的核心,是数论特有的思想、概念和方法. 本书把它安排在了第二章,其主要内容包括同余的概念和性质、剩余类和剩余系、费马小定理和欧拉定理、一元一次同余方程和一元一次同余方程组.

解不定方程是推动数论发展的动力源泉,这项内容可以作为整除理论和同余理论的应用出现. 本书把它安排在了第三章,主要是在前两章的基础上,介绍线性不定方程和不定方程组、几类特殊非线性不定方程的解法.

连分数在数论中,算不上主要和重要的内容,但其中的有理逼近是一种重要的数学思想方法. 而且连分数与中小学数学、与天文历法等生活常识有一定的联系,这对一个小学数学教师而言,也是必要的、有益的.

3. 学习初等数论的注意事项

初等数论的内容高度抽象、难以理解,方法奇巧多变、难以把握,加之传统教材大多面孔冷漠——定义、定理、推论交替出现,缺乏例证,这就使得讲解式教学更加突出地表现在以往这门课程的教学中,以至于大多数学生常常是“道理听得懂,问题想不通,畏难厌学时有发生”.

如前所述,这本《初等数论》教材选取了初等数论中最基本、最重要、最简单的知识内容和思想方法.

尽管如此,它毕竟也具有初等数论的特点. 而且,它还有自己的一些独到之处. 因此,作者要和师生的思路沟通一下,教学中要注意以下几点:

(1) 教材和教学要力求体现思维过程,指导学习方法;学生要深入思考作者和教师的思路,理解前后内容的内在联系,注重数学思想方法的学习.

例如,费马小定理的证明方法思路难通,但证明方法本身又是处理问题的一种重要的、技巧性很强的数学方法. 作者在第一、第二两章分别采用不同的形式进行表述. 这有助于理解两章内容的内在联系.

再如,因数个数与总和两个公式的推导过程,采取了借例子由特殊到一般、步步归纳、层层概括的处理方法. 这既降低了难度,又可让读者从中领略到探索问题和解决问题的过程.

又如,勾股方程通解定理的处理,与常见教材不同,本书是先提出问题,后逐步探索、完善、得到结论. 这实际是在渗透、示范科学研究方法.

(2) 要力求结合贴切、具体、生动、丰富、有趣的例题和习题来学习理论内容和方法,借以激发学习兴趣.

例如,第一章第 2 节例 6 和习题第 5 题、第 3 节例 5 和习题第 10 题、第 7 节例 1 等富有生活情趣的例习题,最大公因数、最小公倍数、因数个数与总和等内容,也都配备了生活应用或中小学问题作为引例、例题或习题;其他三章中也给出了充满生活气息的应用问题或经典的中小学问题;等等.

这样既增强了趣味性,便于理解知识内容、思想、方法和作用,也有助于思考和解决生活中的现实问题和小学数学教学中的问题.

(3) 符号语言简洁明了、便于推理,文字语言通俗易懂、便于理解.要牢记概念和符号含义,随时注意进行这两种数学语言的相互翻译,逐步提高理解和运用符号语言的能力.

(4) 数学教科书中的证明或题解的表述,一般按照演绎推理过程展开,由已知到未知,这恰恰与人们分析问题的思考过程相反.因此,当读不懂、想不通时,有时倒读易懂,倒读就回到了作者原来的思路.

(5) 学数学不仅要读、听、记,更要思、做、问.预习能发现疑难点,自证定理、自解例题能自检会否、对错、优劣;久思不解后的领教使理解更深刻;自认为会了,给学友讲一遍,理解会更透彻,或发现、纠正误解.

(6) 在得知一个命题真假之后,可利用命题变换举一反三.即变换表述其逆否命题、研究其逆命题和否命题的真假,又或研究 4 种命题加强或放宽条件得到的新命题的真假.经过这一番变换,必然对原命题涉及的知识点理解得更加透彻.

(7) 同类问题有通用性解法,而其中的某个具体问题往往又有特殊性解法(如习题 1.1 第 4 题、第三章第 2 节的例 5).通用性解法植根于某种数学理念,适用范围广,过程规范完整,不易出错;特殊性解法以通用性解法熟练为基础,针对具体问题的特点精准用法,过程简练,快速高效.两者都具有重要的数学功能和教育功能,教学时不可偏废,尤其不要舍本逐末、只求巧解特法.特法之树只有扎根通法的沃土才能枝繁叶茂.

(8) 要适度做题.学数学听看不练、袖手旁观会在“岸”上干死,沉入题海、不学“游泳”又会淹死.要熟悉“水性”、学会在题海畅游.即在解题过程中,不断对照概念和原理反思正误对错,不断修正、深化对概念和方法的理解,不断追求过程和方法的最优化,使得每个精致题目起到以一当十的作用.

(9) 要勤于梳理、归纳和总结.不断构建、丰富自己的知识树,使知识点成为“串”上的而非散置、堆放的“葡萄粒”;不断搭建、优化问题解法的平台,使方法成为策略发射的“巡航导弹”而非零散、杂乱的题类解法的“医疗试剂”.

(10) 对比阅读其他同类书籍或网络资料,拓展视野、择优认知.

同学们,攻城不怕坚,攻书莫畏难,学习有拦阻,勇战能过关!只要有信心、学进去,就会尝到学习这门课程的乐趣,就会为将来从事小学数学教育事业奠定扎实的基础.经过大家共同的努力,实现亿万家庭和中华民族的美好愿望,就有了一个良好的开端!

第一章

整数的整除性

导 读

本章讨论整数的整除性，这是初等数论的基础，也与小学数学有着直接、密切的联系. 其重点内容是整除及其性质、分解质因数、最大公因数、辗转相除法.

本章将在整数范围内讨论问题，为了叙述方便，先作如下约定：

把 0，1，2，3，…，n，…叫作自然数，也叫作非负整数. 所有自然数构成的集合，叫作**自然数集**，记作 $\mathbf{N}$.

把 1，2，3，…，n，…叫作正整数. 所有正整数构成的集合，叫作**正整数集**，记作 $\mathbf{N}^*$.

把 -1，-2，-3，…，$-n$，…叫作负整数. 所有负整数构成的集合，叫作**负整数集**，记作 $\mathbf{Z}^-$.

正整数、零、负整数统称为整数. 所有整数构成的集合，叫作**整数集**，记作 $\mathbf{Z}$.

第1节　进位制记数法

计数就是数数，可以一个一个地数，也可以整十整百地数；记数是用数字把数记录、书写出来.

在几千年文明发展的历程中，人类一边辛勤劳作一边克服困难、思考探索、创造改进，形成了许多种计数法和记数法，如加减计数法、进位制记数法等.

尤其是十进位制记数法，以其简洁、明确、便于书写和计算的优势，有力促进了计算科学乃至科学技术的快速发展，因而得以流传至今、传遍世界，被各国采用.

1. 十进位制记数法

十进位制记数法及其记数时采用的 0 至 9 十个数字，起源于印度，8 世纪末传入阿拉伯,12 世纪末传入欧洲,在传播过程中不断改进,定型于 16 世纪初.欧洲人称这十个数字为阿拉伯数字,后来逐渐传遍世界.

十进位制记数法,是用阿拉伯数字记写**十进制计数**(单位由低级到高级依次为个、十、百、千……低级单位满十向相邻高级单位进一)结果的方法:所用数字各占一位(称为**数位**)写成一横行,数位从右至左依次表示个、十、百、千等**计数单位**,数位上的数字表示**位置值**(个位数字是几表示几个一,十位数字是几表示几个十……),**非零数**最高位用非 0 数字,**零**只用一个 0.

例如,879 中的 8 表示 8 个"百",而 978 中的 8 表示 8 个"一";6 541 表示其中有 6 个"千",5 个"百",4 个"十",1 个"一".

这种记数法,计数单位用数位代替,进率通过进位实现,数位上的数字具有位置值,不同数位上可以采用相同的阿拉伯数字.其构成极其简洁、精巧和科学,使用极其方便!

因此,在其形成之后,大幅提升了算力,也成为引发科技和生产快速发展的重要因素之一.也因此,才能够长盛不衰、举世公认!

运用十进位制记数法,可以把任意一个十进制正整数记写出来.

设有可以重复取阿拉伯数字的 a_0, a_1, a_2, …, a_n($a_n \neq 0$, $n \in \mathbf{N}$),用它们可以把一个十进制正整数记写成如下 $n+1$ 位数的形式:

$$\overline{a_n a_{n-1} \cdots a_3 a_2 a_1 a_0}.$$

可见,谈及几位数是对最高位数字非 0 的正整数而言,不包括 0.

把上式写成不同计数单位的数之和的形式为

$$\overline{a_n a_{n-1} \cdots a_3 a_2 a_1 a_0} = a_n \times 10^n + a_{n-1} \times 10^{n-1} + \cdots + a_2 \times 10^2 + a_1 \times 10 + a_0.$$

这种写法在以后表述、解答问题时,将经常用到.

例 1　已知 a, b 是不同非零数字,求证:它们与 0 组成的没有重复数字的三位数之和是 211 的倍数.

证明　三个数字组成的没有重复数字的三位数有 $\overline{ab0}$, $\overline{a0b}$, $\overline{ba0}$, $\overline{b0a}$,其和为

$$\begin{aligned}&\overline{ab0} + \overline{a0b} + \overline{ba0} + \overline{b0a}\\ =\ &(100a + 10b) + (100a + b) + (100b + 10a) + (100b + a)\\ =\ &211(a + b).\end{aligned}$$

可见,这是 211 的倍数.

例 2　若两个末位非零正整数的数字顺序相反,则称这两个正整数互为**反序数**.

求证:若一个三位数的百位数字比个位数字至少大 2,则该三位数与其反序数之差仍是三位数,且该差与差的反序数之和是定数 1 089.

证明　设三位数为 $\overline{a_3 a_2 a_1}$, $a_3 - a_1 \geqslant 2$, $\overline{a_3 a_2 a_1} - \overline{a_1 a_2 a_3} = \overline{b_3 b_2 b_1}$,则

$$b_1 = a_1 + 10 - a_3,\ b_2 = a_2 - 1 + 10 - a_2 = 9,\ b_3 = a_3 - 1 - a_1,$$

故 $b_3 = a_3 - 1 - a_1 \geqslant 1$,即 $b_3 \neq 0$, $\overline{b_3b_2b_1}$ 是一个三位数,且

$$\begin{aligned}\overline{b_3b_2b_1} + \overline{b_1b_2b_3} &= (100b_3 + 10b_2 + b_1) + (100b_1 + 10b_2 + b_3) \\ &= 101(b_1 + b_3) + 20b_2 \\ &= 101 \times 9 + 20 \times 9 \\ &= 1\,089.\end{aligned}$$

给出一些符合条件 $a_3 - a_1 \geqslant 2$ 的具体三位数验证该题,可以作为数学游戏用来激发小学生的数学学习兴趣.

2. 一般进位制记数法

在进位制记数法中,除十进位制以外,还有"满二进一"的二进位制,"满十二进一"的十二进位制,"满十六进一"的十六进位制,"满六十进一"的六十进位制,等等.

在一种进位制中,某一计数单位满一定个数就组成一个相邻较高级的单位.这个一定个数叫作这种进位制的**底数**,即"满几进一"就是几进位制,可见,底数是一个大于1的正整数.

为了区分不同进位制,记数时常在数的右下角注明底数,如二进位制数 $11_{(2)}$,八进位制数 $342_{(8)}$ 等,十进位制数一般不标注底数.

每一种进位制都可以按照位值原则记数,由于各种进位制的底数不同,故所用数字也不同,如十进位制用0至9十个数字,五进位制用0至4五个数字,二进位制用0和1两个数字.

$k(k > 1)$ 进位制的计数单位是 $k^0, k^1, k^2, \cdots$.

例如,2进位制的计数单位是 $2^0, 2^1, 2^2, \cdots$;八进位制的计数单位是 $8^0, 8^1, 8^2, \cdots$.

k 进位制数可以写成不同计数单位的数之和的形式:

$$\overline{a_n a_{n-1} \cdots a_3 a_2 a_1 a_0}_{(k)} = a_n k^n + a_{n-1} k^{n-1} + \cdots + a_1 k + a_0.$$

该式等号右边的这种形式,实质上是用十进位制记数法给出的一个表达式.因此,通过该式可以实现一个数的 k 进位制与十进位制的相互转化.

例3 把 $1\,101_{(2)}$ 化为十进位制数.

解 二进位制计数单位从右至左依次是 $2^0, 2^1, 2^2, \cdots$,把 $1\,101_{(2)}$ 写成不同计数单位的数之和的形式,计算即可得到十进位制数.

$$1\,101_{(2)} = 1 \times 2^3 + 1 \times 2^2 + 0 \times 2^1 + 1 \times 2^0 = 13.$$

例4 把13化为二进位制数.

解 把上例算式的顺序倒过来即可.问题是如何把13表示成 $1\times 2^3 + 1\times 2^2 + 0\times 2^1 + 1\times 2^0$?

$$\begin{aligned}13 &= 2\times 6 + 1 = 2\times(2\times 3 + 0) + 1 = 2\times[2\times(2\times 1 + 1) + 0] + 1 \\ &= 2^3\times 1 + 2^2\times 1 + 2\times 0 + 1.\end{aligned}$$

因此,用 2 连除 13 及所得的商,把余数倒序写出来即可.

过程如下:

$13=2\times6+1$,把 1 放在右起第一位,6 是所得的商;

$6=2\times3+0$,把 0 放在右起第二位,3 是所得的商;

$3=2\times1+1$,把 1 放在右起第三位,1 是所得的商;

$1=2\times0+1$,把 1 放在右起第四位,0 是所得的商.

所以 $13=1\,101_{(2)}$.

这种方法叫作**2 除取余倒写法**.通常采用下面的竖式:

除数	商	余数	
2	13		
2	6	1	(右起第一位)
2	3	0	(右起第二位)
2	1	1	(右起第三位)
	0	1	(右起第四位)

最后把余数按箭头所示顺序写出,得到 $13=1\,101_{(2)}$.

把一个十进位制数化为几进位制数,就可以用**几除取余倒写法**.两个非十进位制数互化,可以借助十进位制数作为中间桥梁.

习题 1.1

1. 写出最小四位数$\overline{abcd}$;若 a, b, c, d 各不相同呢?

2. 某些自然数除前两位数之外,从左至右,每一位上的数字都是它前两位上的数字之和,求这样的数中的最大者.

3. 求证:两个两位数 $\overline{xy}$ 与$\overline{yx}$ 之和为 $11(x+y)$.

4. 一个十进位制数,其个位数字 6 移到最高位,其余各位的数字顺序不变,所得之数是原来的 4 倍,求符合要求之最小者(第四届世界中学生奥赛第一题).

5. 观察下列等式序列特点,归纳结论并加以证明(熟记该序列,也将有助于尽快确定第 4 节例 2 试除质数的上限):

$$5^2=25,\ 15^2=225,\ 25^2=625,\ 35^2=1\,225,\ 45^2=2\,025,\ \cdots.$$

6. 填空:(1) $20\,011_{(3)}=$ ________$_{(10)}$;　(2) $31\,404_{(5)}=$ ________$_{(10)}$;

(3) $7\,137_{(10)}=$ ________$_{(2)}$;　(4) $21\,580_{(10)}=$ ________$_{(8)}$;

(5) $11\,110\,001_{(2)}=$ ________$_{(8)}$.

7. 比较 $1\,011\,011_{(2)}$与 $1\,203_{(4)}$的大小.

8. 一个富豪要把一百万元钱赠人,他要求获赠者所得钱的元数只能是 1 或 7 的乘幂,他不喜欢有6人以上获得同额赠款,却不计较领钱人多少.问如何分配才能使他如愿?

9. 某人只会加减及乘以2、除以2的运算,其计算 89×107 的步骤如下:89,107 写在两行开头,第一行逐次除以2记商舍余;第二行逐次乘以2.

89	44	22	11	5	2	1
107	214	428	856	1 712	3 424	6 848

$89\times 107=107+856+1\,712+6\,848=9\,523$.

结果确实正确,试说明理由.

10. 七进位制三位数化为九进位制数时,三个数字顺序恰好倒过来,求这个数.

第2节 四则运算及其封闭性

本节介绍自然数与整数四则运算的定义和性质.我们曾在绪论中指出,这不是本学科主要或重要的研究对象.但是,其中绝大部分内容不仅在自然数、整数范围内适用,而且在分数、小数范围内也适用.因此,透彻理解这些原理,对数学教师正确地进行计算、速算及其教学,都具有不可替代的作用.

1. 自然数的四则运算及其性质

(1) 加法.

自然数按从小到大的顺序排成一行,得到一个数列:

$$0,\ 1,\ 2,\ \cdots,\ n,\ \cdots,$$

叫作**自然数列**.显然,这是一个无穷数列.

定义1 在自然数列中,若在 a 之后依次数出 b 个数得到 c,则 c 叫作 a 与 b 的**和**,a 与 b 都叫作**加数**,求和的运算叫作**加法**,记作 $a+b=c$,读作 a 加 b 等于 c.

由于自然数列有序、无限,所以加法总可实施且结果唯一,这也就是说,自然数集中任意两个数之和,仍在自然数集中且结果唯一,这时称自然数集对加法运算封闭.

一般地,若集合 A 中任意两个元素经过给定的某种运算,所得结果仍在集合 A 中,则称集合 A 对给定的这种运算封闭,否则,称集合 A 对这种运算不封闭.

由定义1可以定义多个数的加法,如:

$$a+b+c=(a+b)+c,\ a+b+c+d=(a+b+c)+d,\ \cdots.$$

由定义可知,加法具有如下**运算性质**:

① **交换律**:$a+b=b+a$.

② **结合律**:$(a+b)+c=a+(b+c)$.

把各加数写成十进位制不同计数单位的数之和的形式,根据加法的定义和性质,可以得到加法运算法则,并可简化为大家熟知的竖式.

(2) 减法.

定义 2　已知两个自然数 a, b,若能求得自然数 c,使 $a=b+c$,则这种运算叫作**减法**,其中 a, b, c 分别叫作**被减数**、**减数**、**差**,记作 $a-b=c$,读作 a 减 b 等于 c.

显然,当且仅当 $a\geqslant b$ 时,差才存在;可见,自然数集对减法运算不封闭.

由定义 2 可以定义多个数连续的减法,如:

$$a-b-c=(a-b)-c.$$

推论　$(a-b)+b=a$, $(a+b)-b=a$.

证明　设 $a-b=c$,由定义得 $a=b+c=c+b=(a-b)+b$,即 $(a-b)+b=a$. 设 $a+b=c$,则 $b+a=c$,由定义得 $c-b=a$,即 $(a+b)-b=a$.

减法具有如下**运算性质**(下列各式中的差存在时):

① $a-(b+c)=a-b-c$.

② $a-b-c=a-c-b$.

③ $(a+b)-c=(a-c)+b$,或 $(a+b)-c=(b-c)+a$.

④ $a-(b-c)=(a-b)+c$,或 $a-(b-c)=(a+c)-b$.

证明　下面证明①和②,其余请读者自证.

① $\because (a-b-c)+(b+c)$

$=(a-b-c)+(c+b)$　(加法交换律)

$=[(a-b-c)+c]+b$　(加法结合律)

$=\{[(a-b)-c]+c\}+b$　(连减定义)

$=(a-b)+b$　(减法定义推论)

$=a$,　(同上)

$\therefore a-(b+c)=a-b-c$.　(减法定义)

② $\because a-b-c$

$=a-(b+c)$　(减法运算性质 ①)

$=a-(c+b)$　(加法交换律)

$=a-c-b$,　(减法运算性质 ①)

$\therefore a-b-c=a-c-b$.

把被减数和减数写成十进位制不同计数单位的数之和的形式,根据加法与减法的定义及性质,可以得到减法计算法则,并可简化为大家熟知的竖式.

在加法与减法混合运算中,规定按从左到右的顺序计算;在既含有加法和减法,又含有括号的运算中,规定先算括号内后算括号外.

(3) 乘法.

定义 3　b 个相同自然数 a 之和 c,叫作 a 与 b 的**积**,a 与 b 都叫作乘数,也叫作 c 的**因数**,求积的运算叫作**乘法**,记作 $a\times b=c$. 当 b 是字母而不是具体数时,也可简记为 $a\cdot b=c$ 或 $ab=c$,读作 a 乘 b 等于 c.

$$\overbrace{a+a+\cdots+a}^{b个}=ab.$$

乘法是相同加数连加运算的简便运算方法，所以，自然数集对乘法运算也封闭.

由定义3可以定义多个数连乘，如：$abc=(ab)c$.

由定义可以证明，乘法具有如下**运算性质**：

① **交换律**：$ab=ba$.

② **结合律**：$(ab)c=a(bc)=(ac)b$.

③ **分配律**：$(a\pm b)c=(ac)\pm(bc)$.

证明 ① 当a，b至少一个为0或1时，显然成立.

当a，b均大于1时，

$$\left.\begin{array}{l} a=\overbrace{1+1+\cdots+1}^{a个} \\ a=1+1+\cdots+1 \\ \cdots\cdots \\ a=1+1+\cdots+1 \end{array}\right\} b行$$

$$ab=b+b+\cdots+b=ba.$$

② 同理，用定义把$(ab)c$写成c行$\overbrace{a+a+\cdots+a}^{b个}=ab$，可得

$$(ab)c=(ac)b(请读者自己证明).$$

又同理可得$(bc)a=(ba)c$，从而

$$(bc)a=(ab)c=(ac)b,$$

即

$$(ab)c=a(bc)=(ac)b.$$

③ $\because (a+b)c=\overbrace{(a+b)+(a+b)+\cdots+(a+b)}^{c个}$ (乘法定义)

$=\overbrace{(a+a+\cdots+a)}^{c个}+\overbrace{(b+b+\cdots+b)}^{c个}$(加法交换、结合律)

$=(ac)+(bc)$, (乘法定义)

$\therefore (a+b)c=(ac)+(bc)$.

另一个请大家自己证明.

把乘数写成十进位制不同计数单位的数之和的形式，根据加法与乘法的定义及性质，可以得到表内和多位数的乘法计算法则，并可简化为大家熟知的竖式.

在加法、减法与乘法混合运算中，规定先算乘法后算加法或减法；在既含有上述三种运算，又含有括号的混合运算中，规定先算括号内后算括号外.

(4) 除法.

定义 4　已知自然数 a 与正整数 b，若能求得自然数 c，使 $a=bc$，这种运算叫作完全除法，简称**除法**，其中 a，b，c 分别叫作**被除数**、**除数**、**完全商**（简称**商**），记作 $a\div b=c$，读作 a 除以 b 等于 c，或 b 除 a 等于 c.

注意：除数 b 不能为 0.

因为，若 $b=0$，当 $a=0$ 时，对任何数 c 都有 $a=bc$ 成立，即商不唯一，不符合运算结果的唯一性要求；当 $a\neq 0$ 时，任何数 c 乘 b 都等于 0，不会等于 a，即商不存在. 所以，除数 b 不能为 0.

除法具有两重含义：

① 把 a 平均分成 b 份，每一份是 c；

② a 中包含 c 个 b.

由②可知，除法是相同减数连减运算的简便运算方法，即 $a-\overbrace{b-b-\cdots-b}^{c\text{个}}=0$. 因为自然数集对减法运算不封闭，所以，自然数集对除法运算也不封闭.

由定义 4 可以定义连续除法，如：$a\div b\div c=(a\div b)\div c$.

推论　$(a\div b)b=a$，$(ab)\div b=a$.

证明　设 $a\div b=c$，由定义得 $a=bc$，故 $(a\div b)b=cb=bc=a$.

设 $ab=c$，则 $ba=c$，由定义得 $c\div b=a$，即 $(ab)\div b=a$.

除法具有如下**运算性质**（下列各式中的商存在时）：

① $a\div(bc)=a\div b\div c$.

② $a\div b\div c=a\div c\div b$.

③ $(ab)\div c=(a\div c)b$，或 $(ab)\div c=a(b\div c)$.

④ $a\div(b\div c)=(ac)\div b$，或 $a\div(b\div c)=(a\div b)c$.

⑤ $(a\pm b)\div c=(a\div c)\pm(b\div c)$.

对比不难发现，若①至④中的乘除号替换为加减号，恰好得到减法性质①至④，而⑤与乘法分配律相对应. 由此不难猜想，可以借鉴那里的证明方法来证明这些性质.

证明　下面证明①和②，其余请读者自证.

① $\because (a\div b\div c)(bc)$

$=[(a\div b)\div c](cb)$　　（连除定义、乘法交换律）

$=\{[(a\div b)\div c]c\}b$　　（乘法结合律）

$=(a\div b)b$　　（除法定义推论）

$=a$，　　（同上）

$\therefore a\div(bc)=a\div b\div c$.（除法定义）

② $\because a\div b\div c$

$=a\div(bc)$　　（除法运算性质①）

$=a\div(cb)$　　（乘法交换律）

$=a\div c\div b$，　　（除法运算性质①）

$\therefore a \div b \div c = a \div c \div b.$

把被除数写成十进位制不同计数单位的数之和的形式，根据加法、乘法与除法的定义及性质，可以得到除数是1位数的计算法则；当除数位数大于1时，因为

$$a \div (b+c) \neq (a \div b) + (a \div c),$$

所以，不能将其表示成不同计数单位的数之和的形式．此时若被除数与除数接近(商是一位数)，可直接用定义求商，否则要根据除数的大小，把被除数写成适当的和式，利用运算性质得到除数是多位数的除法计算法则，并可简化为大家熟知的竖式．

例如，$375 \div 25 = (37 \times 10 + 5) \div 25 = (25 \times 10 + 125) \div 25$

$= (25 \times 10) \div 25 + 125 \div 25 = 1 \times 10 + 5 = 15.$

加法、减法、乘法与除法统称为算术四则运算，简称**四则运算**．

在乘法与除法混合运算中，规定按从左到右的顺序计算；在四则混合运算中，规定先算乘法或除法，后算加法或减法；在含有括号的四则混合运算中，规定先算括号内后算括号外．

关于自然数的带余除法，留待介绍整数带余除法时一并说明．

2. 整数四则运算的定义

因为自然数四则运算的性质、连续运算的定义与法则、混合运算的顺序等，对整数四则运算都仍然成立，所以，在此只简要介绍整数四则运算的定义．

定义5 设 $a, b \in \mathbf{Z}$，按如下规定得到整数 c，c 叫作 a 与 b 的**和**，a 与 b 都叫作**加数**，求和的运算叫作**加法**，记作 $a + b = c$，读作 a 加 b 等于 c．

(1) 若 a 与 b 同号，则 c 与 a, b 同号，且 $|c| = |a| + |b|$．

(2) 若 a 与 b 异号，当 $|a| = |b|$ 时，取 $c = 0$；当 $|a| \neq |b|$ 时，c 与 a, b 中绝对值较大者同号，且 $|c|$ 取 $|a|, |b|$ 中较大者与较小者的差．

(3) 若 a, b 有且只有一个为0，则 c 取不等于0者．

(4) 若 $a = b = 0$，则 $c = 0$．

整数集对加法运算封闭．

定义6 设 $a, b \in \mathbf{Z}$，若求得整数 c，使 $a = b + c$，则这种运算叫作**减法**，其中 a, b, c 分别叫作**被减数**、**减数**、**差**，记作 $a - b = c$，读作 a 减 b 等于 c．

整数集对减法运算封闭．

定义7 设 $a, b \in \mathbf{Z}$，按如下规定得到整数 c，c 叫作 a 与 b 的**积**，a 与 b 都叫作**乘数**，求**积**的运算叫作**乘法**，记作 $a \times b = c$．当 b 是字母而不是具体数时，也可简记为 $a \cdot b = c$ 或 $ab = c$，读作 a 乘 b 等于 c．

(1) 若 a 与 b 同号，则 $c = |a| \cdot |b|$；

(2) 若 a 与 b 异号，则 $c = -|a| \cdot |b|$；

(3) 若 a 与 b 中有0，则 $c = 0$．

整数集对乘法运算封闭．

例 1　求证：两个 $4n+1$（n 是整数）型数之积仍为 $4n+1$ 型数.

证明　设两个数分别为 $4m+1$，$4q+1$（m，q 是整数），则

$$(4m+1)(4q+1)=4(4mq+m+q)+1.$$

因为 m，q 是整数，所以 $4mq+m+q$ 是整数，故两个 $4n+1$（n 是整数）型数之积仍为$4n+1$ 型数.

定义 8　设 $a, b\in \mathbf{Z}$，$b\neq 0$，若能求得整数 c，使 $a=bc$，这种运算叫作完全除法，其中 a，b，c 分别叫作被除数、除数、完全商（简称商），记作 $a\div b=c$，读作 a 除以 b 等于 c，或 b 除 a 等于 c.

整数集对除法运算不封闭.

例 2　设 $a, b\in \mathbf{Z}$，规定下列两种新运算：

(1) $a\square b=ab-(a+b)$；(2) $a\triangle b=\dfrac{a+b}{2}$.

求：$3\square 2$，$(-2)\square 4$，$3\triangle 2$，$(-2)\triangle 4$，并分析 $\mathbf{Z}$ 对 $\square$ 和 $\triangle$ 两种运算是否封闭.

解　$3\square 2=3\times 2-(3+2)=6-5=1$；

$(-2)\square 4=(-2)\times 4-(-2+4)=-8-2=-10$；

$3\triangle 2=\dfrac{3+2}{2}=2.5$；

$(-2)\triangle 4=\dfrac{(-2)+4}{2}=1$.

因为对任意 $a, b\in \mathbf{Z}$，ab，$a+b$ 都是整数，$ab-(a+b)$ 仍是整数，所以 $\mathbf{Z}$ 对运算"$\square$"封闭，因为 $3\triangle 2=2.5\notin \mathbf{Z}$，所以 $\mathbf{Z}$ 对运算"$\triangle$"不封闭.

3. 带余除法

如前所述，整数集对除法运算不封闭. 这也就是说，两个整数相除，不一定能恰好求得整数商. 例如，$200\div 3$ 商 66 余 2.

定义 9　已知整数 a 和非零整数 b，求两个整数 q，r，使之满足 $a=bq+r(0\leqslant r<|b|)$，这样的运算叫作**带余除法**，其中 a，b，q 和 r 分别叫作被除数、除数、不完全商（简称商）和最小非负余数（简称余数），算式 $a=bq+r(0\leqslant r<|b|)$ 叫作 a 除以 b 的带余除法算式，读作 a 除以 b 商 q 余 r.

显然，当定义中的 a 是自然数且 b 是正整数时，该定义就是自然数的带余除法定义，而且，下面的定理也成立，定理的证明过程随之简化处理，即可作为相应定理的证明.

定理 1　设 $a, b\in \mathbf{Z}$，$b\neq 0$，则存在唯一的一对整数 q，r，使之满足

$$a=bq+r\quad(0\leqslant r<|b|).$$

证明　存在性.

(1) 若 $b>0$，则 $|b|=b$，作整数序列

$$\cdots,\ -3b,\ -2b,\ -b,\ 0,\ b,\ 2b,\ 3b,\ \cdots.$$

因为 a 是一个整数,所以 a 是这个序列中的某一项或“卡”在某相邻两项之间,即存在整数 q,满足 $bq \leqslant a < b(q+1)$.

取 $r = a - bq$,则 $a = bq + r(0 \leqslant r < |b|)$.

(2) 若 $b < 0$,则 $|b| > 0$,对于 $|b|$,由(1)知,存在整数 s, t 满足

$$a = |b|s + t \quad (0 \leqslant t < |b|).$$

$$\because |b| = -b, \therefore a = |b|s + t = -bs + t.$$

可见,取 $q = -s$, $r = t$,即可满足 $a = bq + r(0 \leqslant r < |b|)$.

由(1),(2)可知,对任意整数 a 和任意非零整数 b,总存在一对整数 q, r,满足

$$a = bq + r \quad (0 \leqslant r < |b|).$$

唯一性(反证).

假设另存在一对整数 u, v 满足 $a = bu + v(0 \leqslant v < |b|)$,则

$$bq + r = bu + v, \therefore b(q-u) = v - r, \therefore |b||q-u| = |v-r|.$$

$\because r < |b|$, $v < |b|$, $\therefore |v-r| < |b|$.

$\therefore |b||q-u| = |v-r| < |b|$, $\therefore |q-u| < 1$.

而$\because q, u \in \mathbf{Z}$, $q \neq u$, $\therefore |q-u| \geqslant 1$,自相矛盾. 故 $q = u$, $r = v$.

即 q, r 唯一存在.

该定理表明,整数集对带余除法运算封闭. 而且,定理之前已经说明该定理在自然数集中有相应定理,因此,自然数集对带余除法运算也封闭.

当定理中的除数 $b > 0$ 时,r 取 0 至 $b-1$ 这 b 个数. 这一结果常被用来把整数集划分为“交空并全”的 b 类数,分类讨论和解决问题. 如 $b = 3$,可以把整数分为被 3 除余 0, 1, 2 的 3 类. 也可以用来解决周期性问题.

例 3 设 $n, m \in \mathbf{Z}$, $n^3 = 9m + r$, $0 \leqslant r < 9$,求证:r 只能取 0, 1, 8.

证明 (1) $n = 3k(k \in \mathbf{Z}) \Rightarrow n^3 = 27k^3 = 9m_1 + 0$;

(2) $n = 3k + 1(k \in \mathbf{Z}) \Rightarrow n^3 = 27k^3 + 27k^2 + 9k + 1 = 9m_2 + 1$;

(3) $n = 3k + 2(k \in \mathbf{Z}) \Rightarrow n^3 = 27k^3 + 54k^2 + 36k + 8 = 9m_3 + 8$.

可见,r 只能取 0, 1, 8.

例 4 1 000 个 1 写成的十进位制数被 3 除余几?

解 $1 = 3 \times 0 + 1$, $11 = 3 \times 3 + 2$,

$111 = 3 \times 37 + 0$, $1\,111 = 3 \times 370 + 1$, $\cdots$.

可见,数字 1 连写而成的十进位制数,位数每增加 3 位,被 3 除得的余数相同,即余数循环出现 1, 2, 0,循环节的长度是 3.

因为 $1\,000 = 3 \times 333 + 1$,所以这个数和 1 被 3 除得的余数同为 1.

例 5 从左至右逐个数下面的一列图案:

※※◎◎◎○□※※◎◎◎○□※※◎◎◎○□…

第 79 个是什么图案?

解　观察这列图案会发现,从左至右每隔 7 个循环重复出现. 因为 $79=7\times11+2$,所以第 79 个与第 2 个相同,为 ※.

在结束本节之前特别指出,与完全除法相同,带余除法具有两重含义:

(1) 把 a 平均分成 b 份,每一份是 c,余 r;

(2) a 中含有 c 个 b,余 r.

例如,76 平均分成 3 份,每一份是 25,余 1;76 中含有 25 个 3,余 1.

例 6　在 2021 年 11 月石家庄市某小学三年级作业中出现一道题:

一件 T 恤比一条短裤贵 76 元,一件 T 恤的价钱比一条短裤的 4 倍多一些,一条短裤可能多少元钱?

分析与解答　76 比一条短裤价钱的 3 倍多一些,通常应理解为不足 4 倍,故通常理解 1 倍数是 76 除以 3 所得的商,即一条短裤 25 元.

但是,带余除法中的余数小于除数而非商,该题中的"多一些"要小于"1 倍数"而非倍数 3,也就是该题实质上相当于问"76 除以几商 3(可以有余数)"而非"76 除以 3 商几(可以有余数)".

因为

$$76=25\times3+1,\ 76=24\times3+4,\ 76=23\times3+7,$$
$$76=22\times3+10,\ 76=21\times3+13,\ 76=20\times3+16,$$

所以 25, 24, 23, 22, 21, 20 均可作为本题的答案.

习题 1.2

1. 证明下列自然数运算性质(差、商存在),并用文字语言表述出来:

(1) $(a+b)-c=(a-c)+b$;　　(2) $a-(b-c)=(a-b)+c$;

(3) $(ab)\div c=(a\div c)b$;　　(4) $a\div(b\div c)=(ac)\div b$.

2. 已知 $a,\ b\in\mathbf{Z}$ 且 $a◎b=3a-2b$.

(1) 求 $(5◎4)◎3$;

(2) 若 $x◎(4◎1)=7$,求 x;

(3) 分析 $\mathbf{Z}$ 对运算"◎"的封闭性.

3. 设 $x,\ y\in\mathbf{Z}$ 且 $x\#y=m\times x+n\times y$, $x\triangle y=k\times x\times y$ $(m,\ n,\ k\in\mathbf{N}^*)$, $+$ 和 $\times$ 是通常的加法和乘法.

若 $1\#2=9$, $(2\#3)\triangle4=64$,求 $(1\triangle2)\#3$.

4. 举例说明多位数竖式加法的步骤和依据,必须从低位加起吗? 为什么?

5.《长江日报》2021 年 6 月 11 日微博发布:网民×先生在武汉城市留言板质疑一道小学数学作业题答案的唯一性:猫妈妈钓到一些鱼,平均分给了 7 只小猫,每只小猫分到的鱼和剩下的鱼刚好一样多.猫妈妈最多钓到了多少条鱼?

据称,武汉市教育局及时回应答复.你认为教育局会如何答复?

6. 一个数除以 7 余 2,若被除数扩大 9 倍,余数是多少?(福州市 1988 年小学生"迎春杯"数学竞赛题)

7. 若 a 除以 b 商 c 余 r,则 am(m 是正整数)除以 bm 商________余________.

8. 某数除以 3 余 2,除以 4 余 1,该数除以 12 余几?(首届"华罗庚金杯"少年数学邀请赛复赛题)

9. 找规律判定"300"位于哪个字母的下边?(1989 年美国小学数学奥赛题)

A	B	C	D	E	F	G
1		2		3		4
	5		6		7	
8		9		10		11
	12		13		14	
15		16		…		…

10. 设 $n, m \in \mathbf{Z}$, $n^2 = 7m + r$, $0 \leqslant r < 7$,证明 r 只能取 0, 1, 2, 4.

第 3 节　整除及其性质

1. 整数的整除性

在带余除法算式 $a = bq + r(0 \leqslant r < |b|)$ 中,$r = 0$ 的情况非常重要,它可以使我们脱离除法运算,直接解决许多有关整数的问题.

定义 1　设 $a, b \in \mathbf{Z}$, $b \neq 0$,若存在整数 q,满足 $a = bq$,则称 b 整除 a,或 a 被 b 整除.这时也称 b 为 a 的因数,a 为 b 的倍数.记作 $b \mid a$.

若不存在整数 q,使 q 满足 $a = bq$,则称 b 不能整除 a,或 a 不能被 b 整除.这时也称 b 不是 a 的因数,a 不是 b 的倍数.记作 $b \nmid a$.

例如,$3 \mid 18$; $5 \mid 125$; $5 \mid (-25)$; $13 \mid 1\,001$;

$a \mid 0(a \neq 0)$; $1 \mid a$; $a \mid a(a \neq 0)$; $5 \nmid 12$.

值得特别指出的是,整除概念中的因数与乘法概念中的因数不同.整除中的因数不能为零,或者说零不是任何数的因数.

下面我们讨论整除的性质.

性质 1　(传递性)若 $c \mid b$, $b \mid a$,则 $c \mid a$.

证明　$\because c \mid b$, $\therefore$ 存在整数 q,满足 $b = cq$.

$\because b \mid a$, $\therefore$ 存在整数 p,满足 $a = bp$.

$\therefore a = bp = (cq)p = c(qp)$.

$\because q,\ p\in\mathbf{Z},\ \therefore qp\in\mathbf{Z},\ \therefore c\mid a$.

例 1　求证：$13\mid\overline{abcabc}(a\neq 0)$.

证明　$\because \overline{abcabc}=\overline{abc}\times 1\,000+\overline{abc}=\overline{abc}\times 1\,001$,

$\therefore 1\,001\mid\overline{abcabc}$.

$\because 13\mid 1\,001,\ \therefore 13\mid\overline{abcabc}$.

性质 2　(可加性)若 $c\mid a$，$c\mid b$，则 $c\mid(a\pm b)$(请读者自己写出证明过程).

例 2　求证：$37\mid(333^{777}+777^{333})$.

证明　$\because 111\mid 333^{777},\ 111\mid 777^{333}$,

$\therefore 111\mid(333^{777}+777^{333})$.

$\because 37\times 3=111$,

$\therefore 37\mid(333^{777}+777^{333})$.

性质 3　(可乘性)若 $b\mid a$，$d\mid c$，则 $bd\mid ac$.

请读者自证，并用文字说明 $d=1$ 时的结论.

性质 4　$b\mid a\Leftrightarrow|b|\mid|a|$(请读者自己写出证明过程).

例 3　求证：

(1) 一个数能被 2 整除的充要条件是其末位数字能被 2 整除.

(2) 一个数能被 3 整除的充要条件是其各位数字之和能被 3 整除.

(3) 一个数能被 11 整除的充要条件是其隔位数字之和的差，能被 11 整除.

证明　(1) 设 $a=b\times 10+c$(c 是 a 的末位数字).

$\because 2\mid 10,\ \therefore 2\mid 10b,\ \therefore 2\mid a\Leftrightarrow 2\mid c$.

(2) 设 $a=\overline{a_na_{n-1}\cdots a_1a_0}$，则

$$a=a_n10^n+\cdots+a_110+a_0$$
$$=[a_n(10^n-1)+\cdots+a_1(10-1)]+(a_n+\cdots+a_1+a_0).$$

$\because 3\mid(10^k-1)=\overbrace{99\cdots9}^{k}(k=1,\ 2,\ \cdots,\ n)$,

$\therefore 3\mid[a_n(10^n-1)+\cdots+a_1(10-1)]$.

$\therefore 3\mid a\Leftrightarrow 3\mid(a_n+\cdots+a_1+a_0)$.

(3) 设 $a=\overline{a_n\cdots a_2a_1a_0}$，则

$$\because a=a_0+a_1\times 10+a_2\times 10^2+\cdots+a_n\times 10^n$$
$$=a_0+a_1\times(11-1)+a_2\times(11-1)^2+\cdots+a_n\times(11-1)^n$$
$$=a_0+(a_1\times 11-a_1)+(a_2\times 11q_2+a_2)+\cdots+[a_n\times 11q_n+(-1)^na_n]$$

(用二项式定理. $q_2,\ \cdots,\ q_n\in\mathbf{Z}$)

$$=[a_0-a_1+a_2+\cdots+(-1)^na_n]+11\times(a_1+a_2q_2+\cdots+a_nq_n),$$

$\therefore 11\mid a\Leftrightarrow 11\mid[a_0-a_1+a_2+\cdots+(-1)^na_n]$.

请大家自己写出并证明一个数能被 5，4，25，9 整除的充要条件(俗称特征). 知道特征，就可以不作除法直接判断一个数能否被一个特殊数整除. 而且，在判断一个数可否被 3，9，11 整除时，可以“弃倍判断”.

例如,判断 96 386 975 可否被 3 整除,可以弃 9 弃 6 弃 3,见 8 记 2,弃 6 弃 9,见 7 记 1 算 $2+1=3$ 弃,5 不能被 3 整除,故原数不能被 3 整除.

例 4 设 $9 \mid \overline{62ab427}$, $11 \mid \overline{62ab427}$,求$\overline{62ab427}$.

解 $\because 9 \mid \overline{62ab427}$,

$\therefore 9 \mid (6+2+a+b+4+2+7)=(a+b+21)$, $9 \mid (a+b+3)$.

$\because 0 \leqslant a \leqslant 9$, $0 \leqslant b \leqslant 9$, $\therefore 3 \leqslant a+b+3 \leqslant 21$.

$\therefore a+b+3=9$ 或 $a+b+3=18$,即 $a+b=6$(A) 或 $a+b=15$(B).

同理,$\because 11 \mid \overline{62ab427}$,

$\therefore 11 \mid (7+4+a+6-2-b-2)=(a-b+13)$, $11 \mid (a-b+2)$.

$\because 0 \leqslant a \leqslant 9$, $0 \leqslant b \leqslant 9$, $\therefore a-b=-2$(C) 或 $a-b=9$(D).

由(A),(B)之一与(C),(D)之一两两搭配成的四个方程组中,只有(A),(C)搭配成的一个方程组的解 $a=2$, $b=4$ 符合题意.

所以 $\overline{62ab427}=6\ 224\ 427$.

2. 整数的奇偶性

定义 2 能被 2 整除的整数叫作偶数;不能被 2 整除的整数叫作奇数.

由定义容易得到如下关于偶数和奇数的性质.

性质 5 偶数±偶数=偶数;偶数±奇数=奇数;奇数±奇数=偶数.

我们只证明:一个偶数与一个奇数之和为奇数,其余留给读者完成.

证明 设任一偶数 $a=2n(n \in \mathbf{Z})$;任一奇数 $b=2m+1(m \in \mathbf{Z})$. 则

$$a+b=2n+(2m+1)=2(n+m)+1,$$

可见,$a+b$ 是奇数.

推论 若干个偶数之和为偶数;正偶数个奇数之和为偶数;正奇数个奇数之和为奇数.

例 5 有 7 个茶杯,杯口全朝上,每次同时翻转 4 个称为一次运动,可否经若干次运动使杯口全朝下?

解 一个茶杯由口朝上翻转为口朝下,须经奇数次翻转.

设经 k 次运动可使杯口全朝下,此时每个茶杯翻转的次数分别记作

$$a_1, a_2, a_3, a_4, a_5, a_6, a_7.$$

因为杯口全朝下,所以 a_1, a_2, a_3, a_4, a_5, a_6, a_7 均为奇数.

故 7 个茶杯翻转的总次数 $a_1+a_2+a_3+a_4+a_5+a_6+a_7=s$ 必为奇数.

另一方面,每次同时翻转 4 个为一次运动,若经 k 次运动使 7 个茶杯的杯口全朝下,此时翻转的总次数为 $4k$,这是一个偶数. 这与 s 为奇数矛盾. 故不可能经过若干次运动使杯口全朝下.

该题中 7, 4 之一或两数同时作奇偶性调整、推广,结论如何?

性质 6 奇数×奇数=奇数;偶数×整数=偶数.

推论　若干个奇数之积为奇数.

例 6　设 a_1, a_2, $\cdots$, a_n 是 1, 2, $\cdots$, n 的任一新排列，n 为正奇数,求证:

$$(a_1-1)(a_2-2)\cdots(a_n-n)$$

为偶数.

证明　$\because (a_1-1)+(a_2-2)+\cdots+(a_n-n)$
$=(a_1+a_2+\cdots+a_n)-(1+2+\cdots+n)$
$=0$,

这说明奇数个整数 (a_1-1), (a_2-2), $\cdots$, (a_n-n) 之和为偶数,

$\therefore a_1-1$, a_2-2, $\cdots$, a_n-n 中至少有一个为偶数,

故 $(a_1-1)(a_2-2)\cdots(a_n-n)$ 为偶数.

由性质 6 的推论,用反证法或数学归纳法,容易证明以下结论.

性质 7　设 a 为整数,n 为正整数,则 a^n 与 a 奇偶性相同.

例 7　对正整数 a,若存在正整数 b,使得 $b^2=a$ 成立,则称 a 为**完全平方数**.类似地可定义完全立方数等(完全平方数的判定见本章第 8 节定理 2).

求证:任意两个奇数的平方和不是完全平方数.

证明　设两个奇数分别为 $a=2n+1(n\in\mathbf{Z})$, $b=2m+1(m\in\mathbf{Z})$, $k=a^2+b^2$,则 a^2, b^2 均为奇数,故 $k=a^2+b^2$ 为偶数.

若 k 为完全平方数,则只能是一个正偶数的平方(否则 k 不是偶数).

设 $k=(2q)^2$(q 为正整数),则 $k=4q^2$,故 $4\mid k$.

另一方面,$k=a^2+b^2=4(n^2+m^2+n+m)+2$,可见 $4\nmid k$,自相矛盾.

故任意两个奇数的平方和不是完全平方数.

例 8　能否把 1 至 972 这 972 个数分在 12 个互不相交的集合内,使每个集合内都有 81 个数,且各个集合内的数之和相等? 为什么?

解　因为 $1+2+\cdots+972=\dfrac{1+972}{2}\times972=973\times81\times6$ 不是 12 的倍数,所以不能.

一般地,能否把 1 至 $mn(m, n\in\mathbf{N}^*)$ 这些数分在 m 个互不相交的集合内,使每个集合内数的个数与数之和都相等呢?

由 $1+2+\cdots+mn=\dfrac{1}{2}(1+mn)mn$ 是否为 m 的倍数,分析可知,当 m 为偶数且 n 为奇数时不可能;除此之外均可能,且每个集合内有 n 个数,其和为$\dfrac{1}{2}(1+mn)n$.

例 9　写出三个自然数,擦去一个,换成其他两个数之和减 1,如此继续下去,最后得到 17, 1967, 1983.问原来那三个数可否是 2, 2, 2?

解　假设可以,经过一次操作,得到两个偶数一个奇数.接下去操作:若擦去奇数,仍得到一个奇数;若擦去偶数,仍得到偶数.

因此,以后无论操作多少次,总得到两个偶数一个奇数.这就是说,从三个 2 开始,

无论操作多少次，总得到两个偶数一个奇数，不会是三个奇数.

习题 1.3

1. 若 $b \mid a$，$a \mid b$，则 $a = \pm b$.

2. 若 $a \mid b$，求证：$a^2 \mid b^2$.

3. 若 $c \mid a$，$c \mid b$，则 $c \mid (am + bn)(m, n \in \mathbf{Z})$.

4. 在五位数$\overline{3427p}$中，p 换成哪些数字能使这个五位数被 2，5，3，9 或 11 整除?

5. 用 1～5 五个数字组成的五位数 $\overline{abcde}$ 满足 $2 \mid \overline{ab}$，$3 \mid \overline{abc}$，$4 \mid \overline{abcd}$，$5 \mid \overline{abcde}$，求这个五位数.

6. 若 $m + n + 17$ 是偶数，判定$(m-1)(n-1) + 2\,018$ 是奇数还是偶数.

7. 三个相邻偶数之积是四位数，且其末位数是 8，求这三个偶数.

8. 可否在等式 1□2□3□4□5□6□7□8□9 = 10 的“□”内，填入加号或减号使其成立?

9. 求 $1\,993m + 4n = 6\,063$ 中的正整数 m，n.

10. 六个学友围桌而坐聊天，其中甲拿来六个杯子斟好茶准备分发，这时乙说：“由近到远传递，无论谁面前不止一杯时，方可一次同时发给左右邻各一杯.”问经过几人次的传递，每人可得到一杯? 若五人五杯呢?

11. 设 $f(x) = ax^2 + bx + c$，a，b 为整数，c 为奇数. 若存在奇数 m，使 $f(m)$ 为奇数，则方程 $f(x) = 0$ 无奇数根.

12. 若四个正整数之和为 11，求证：其立方和不可能等于 200.

13. 求证：数列 9 801，998 001，99 980 001，…的各项都是完全平方数.

14. 求证：数列 11，111，1 111，…的各项中没有完全平方数.

第 4 节 分解质因数

通过上节的学习大家知道，分析两个数是否具有因倍关系，可以避开四则运算，直接解决有关整数的许多问题. 由此自然要想，有必要从结构而非运算的角度，深入研究一个正整数有哪些正因数，其正因数是否还有正因数，进而追究其构成的“基本元素”有何特点. 为此，我们在本节学习质数及分解质因数.

分解质因数在本章乃至这门学科中占有极其重要的地位. 如无特别说明，本节谈到的数都是正整数.

1. 质数与合数的概念

如前所述，对于两个正整数 a，b，若 $b \mid a$，则 b 称为 a 的正因数.

显然,数 1 有且只有它本身一个正因数;2 有且只有 1 和它本身两个正因数;而4 除了 1 和它本身两个正因数之外,还有正因数 2,即 4 的正因数的个数大于 2.

定义 1　一个大于 1 的正整数,若除了 1 和它本身之外没有其他正因数,则称这个正整数为质数(或素数);否则称为合数.

如 2, 3, 5, 7, 11 都是质数; 4, 6, 8, 9, 10 都是合数.

由定义可知,1 既不是质数也不是合数;全体正整数可分为数 1、质数与合数三类;大于 2 的偶数都是合数. 因此,2 是唯一的偶质数,大于 2 的质数都是奇数.

判定一个大于 1 的正整数是质数还是合数的问题,是初等数论中的一个基本问题. 下面先看用定义判定合数的一个例子.

例 1　求证: $173^{12}+4$ 是合数.

证明　只要找到一个不是 1 也不是它本身的正因数即可,可考虑试用配方法把它分解因式.

$$\begin{aligned}\because\ 173^{12}+4 &= (173^{6})^{2}+2^{2}\\ &= (173^{6}+2)^{2}-4\times 173^{6}\\ &= (173^{6}+2)^{2}-(2\times 173^{3})^{2}\\ &= (173^{6}+2\times 173^{3}+2)(173^{6}-2\times 173^{3}+2),\end{aligned}$$

$\therefore\ 173^{12}+4$ 是合数.

2. 质数的判定

由于大于 1 的正整数不是质数就是合数,所以判定质数与判定合数等价,下面我们介绍质数的判定.

早在两千多年以前,古希腊的埃拉托斯特尼(Eratosthenes)就设计了一种把质数从正整数中筛选出来的方法,俗称**筛法**,至今人们仍然采用这个重要方法.

比如,要把 100 以内的质数筛选出来,可用如下过程:

先把 2 至 100 的正整数全部按大小次序排列出来;把 2 后面所有 2 的倍数划去,照"2"依次处理"3""5""7";最后剩下的数整理出来就是 100 以内的质数:

		2	3	~~4~~	5	~~6~~	7	~~8~~	~~9~~
~~10~~	11	~~12~~	13	~~14~~	~~15~~	~~16~~	17	~~18~~	19
~~20~~	~~21~~	~~22~~	23	~~24~~	~~25~~	~~26~~	~~27~~	~~28~~	29
~~30~~	31	~~32~~	~~33~~	~~34~~	~~35~~	~~36~~	37	~~38~~	~~39~~
~~40~~	41	~~42~~	43	~~44~~	~~45~~	~~46~~	47	~~48~~	~~49~~
~~50~~	~~51~~	~~52~~	53	~~54~~	~~55~~	~~56~~	~~57~~	~~58~~	59
~~60~~	61	~~62~~	~~63~~	~~64~~	~~65~~	~~66~~	67	~~68~~	~~69~~
~~70~~	71	~~72~~	73	~~74~~	~~75~~	~~76~~	~~77~~	~~78~~	79
~~80~~	~~81~~	~~82~~	83	~~84~~	~~85~~	~~86~~	~~87~~	~~88~~	89
~~90~~	~~91~~	~~92~~	~~93~~	~~94~~	~~95~~	~~96~~	97	~~98~~	~~99~~
~~100~~									

划去 7 的倍数以后,就得到了 100 以内的全部 25 个质数,这是为什么呢? 为了回答这个问题,先证明如下结论.

定理 1 设 a 是大于 1 的正整数,若 p 是 a 的大于 1 的最小正因数,则 p 必为质数.

证明 若 p 不为质数,因为 $p>1$,所以 p 为合数,所以 p 存在 1 和 p 以外的正因数 q,使得 $q \mid p$.

因为 $p \mid a$,所以 $q \mid a$,所以 q 是 a 的 1 和 a 以外且小于 p 的正因数,这与已知矛盾,故 p 必为质数.

定义 2 若 p 既是质数又是正整数 a 的因数,则 p 叫作 a 的质因数.

定理 1 表明,任意大于 1 的正整数都至少有一个质因数.

下面我们来说明筛法的理论根据.

定理 2 (质数判定定理)设 a 是大于 1 的正整数,若所有不超过$\sqrt{a}$的质数都不能整除 a,则 a 是质数.

证明 若 a 不是质数,则必是合数,由定理 1 可知,a 存在最小质因数 p 和与之相应的正整数 q,使 $a=pq$ 且 $p \leqslant q$,所以 $p^2 \leqslant pq=a$,所以 $p \leqslant \sqrt{a}$,即不超过$\sqrt{a}$ 的质数 p 能整除 a,与已知矛盾,故 a 是质数.

例 2 判定 173 和 1 957 是质数还是合数.

解 (1) 因为 $13<\sqrt{173}<14$,所以用不超过 13 的质数 2, 3, 5, 7, 11, 13 依次去除 173,发现都不能整除,所以 173 是质数.

(2) 因为 $44<\sqrt{1\,957}<45$,所以用不超过 44 的所有质数从小到大依次去除 1 957, 发现 19 能整除,所以 1 957 是合数.

由例 2 可见,判定一个数是质数还是合数是一件麻烦的事情. 尽管如此,千百年来人们判定、寻找最大质数的工作始终没有停止! 感兴趣的读者请阅读本书第二章“拓展阅读”.

不难想象,质数有无限多. 这一结果早在两千多年以前欧几里得(Euclid)就给出了漂亮的证明.

定理 3 质数有无限多个.

证明 设正整数集内仅有 n 个质数 $p_1, p_2, p_3, \cdots, p_n$. 作

$$m=p_1p_2p_3\cdots p_n+1.$$

显然, m 是 $p_1, p_2, p_3, \cdots, p_n$ 以外的大于 1 的正整数,由定理 1 知,m 有质因数 p 且 $p \neq p_1, p_2, p_3, \cdots, p_n$[否则, $p \mid p_1p_2p_3\cdots p_n$,而 $p \mid m$,故 $p \mid (m-p_1p_2p_3\cdots p_n=1)$,这与 p 为质数大于 1 矛盾],故 p 为 $p_1, p_2, p_3, \cdots, p_n$ 以外的质数,这与反证假设矛盾.

故质数有无限多个.

尽管质数有无限多个,但其分布大致上是越来越少,甚至我们可以找到连续的 n 个合数.

例 3　求证：对任意大于 1 的整数 n，存在连续的 n 个合数.

证明　记 $1\times2\times3\times\cdots\times n=n!$（读作 n 的阶乘）.

考虑 n 个连续整数：

$$(n+1)!+2,\ (n+1)!+3,\ \cdots,\ (n+1)!+(n+1),$$

它们依次分别可被 $2,\ 3,\ \cdots,\ (n+1)$ 整除，故它们是连续的 n 个合数.

如 $n=3$，由 $(3+1)!=4!=24$ 可找到 3 个连续合数 26，27，28.

3. 分解质因数

因为大于 1 的整数不是质数就是合数，所以定理 2 给出的质数判定法，也是合数判定法，同时也给出了寻找正整数的质因数的方法.

定义 3　把一个大于 1 的正整数表示成它的质因数之积的形式，叫作把这个正整数分解质因数.

例如，把 30 分解质因数的结果是 $2\times3\times5$，或 $3\times2\times5$，但 2×15，5×6 不是.

例 4　一批新款电视机出售，数量大于 1，收入是 88 331 元，求出售单价和数量.

解　收入分解为两数之积，用从小到大的质数依次试除得 $88\,331=19\times4\,649$，19 和 4 649 均为质数，单价不可能是 19 元，所以，出售单价是 4 649 元，数量是 19 台.

定理 4　（算术基本定理）任一大于 1 的正整数均可分解质因数，而且，如果不计较各质因数的先后次序，其分解结果唯一.

该定理告诉我们，一个正整数分解质因数，其结果中含有哪几个不同的质因数一定，相同质因数出现的次数一定. 这深刻揭示了质数是构成正整数的基本元素.

证明　存在性.

若这个大于 1 的正整数 a 是质数，作为特例把它自己当作分解结果.

若 a 是合数，由定理 1 可知，a 至少有一个质因数 p_1，设 $a=p_1a_1$（显然 $a_1>1$）. 若 a_1 是质数，则 $a=p_1a_1$ 即为分解结果.

若 a_1 为合数，则 a_1 至少有一个质因数 p_2，设 $a_1=p_2a_2$（$a_2>1$），则

$$a=p_1a_1=p_1p_2a_2.$$

再对 a_2 重复上述过程，依此类推下去.

由于 $a>1$，而 $a>a_1>a_2>\cdots$，这一过程不可能无限重复下去，设第 $n-1$ 次结果为 $a=p_1p_2\cdots p_{n-1}a_{n-1}$，且 a_{n-1} 为质数，记 $p_n=a_{n-1}$，则

$$a=p_1p_2\cdots p_{n-1}p_n,$$

即存在质数 $p_1,\ p_2,\ \cdots,\ p_{n-1},\ p_n$，使得 a 可以分解成质因数的乘积.

唯一性.

设 a 分解质因数的结果有如下两种：

$a=p_1p_2\cdots p_n$（$p_1\leqslant p_2\leqslant\cdots\leqslant p_n$，$p_1,\ p_2,\ \cdots,\ p_n$ 均为质数），

$a=q_1q_2\cdots q_m$（$q_1\leqslant q_2\leqslant\cdots\leqslant q_m$，$q_1,\ q_2,\ \cdots,\ q_m$ 均为质数）.

则

$$p_1p_2\cdots p_n = q_1q_2\cdots q_m. \tag{※}$$

不妨设 $n \leqslant m$,则从 $a = p_1p_2\cdots p_n$ 看,p_1 是 a 最小的质因数,从 $a = q_1q_2\cdots q_m$ 看,q_1 是 a 最小的质因数. 若 $p_1 < q_1$,则与 q_1 是 a 的最小质因数矛盾,若 $q_1 < p_1$,则与 p_1 是 a 的最小质因数矛盾,所以 $p_1 = q_1$.

在(※)式中消去 p_1, q_1,得

$$p_2\cdots p_n = q_2\cdots q_m.$$

重复上述过程,可依次得到

$$p_2 = q_2,\ p_3 = q_3,\ \cdots,\ p_n = q_n.$$

而若 $n < m$,则由(※)式可得 $1 = q_{n+1}q_{n+2}\cdots q_m$,这与 q_{n+1}, q_{n+2}, $\cdots$, q_m 为质数矛盾,所以 $n \not< m$,所以

$$n = m,\text{且 } p_1 = q_1,\ p_2 = q_2,\ \cdots,\ p_n = q_m.$$

即 a 分解结果唯一.

为了应用方便,我们给出标准分解式的概念.

定义 4 把大于 1 的正整数 a 分解质因数的结果写成如下的形式:

$$a = p_1^{\alpha_1}p_2^{\alpha_2}\cdots p_{n-1}^{\alpha_{n-1}}p_n^{\alpha_n},$$

其中 p_1, p_2, $\cdots$, p_n 均为质数,且 $p_1 < p_2 < \cdots < p_n$, α_1, α_2, $\cdots$, α_n 均为正整数,这种分解形式叫作 a 的标准分解式(以后提到标准分解式,如无特别要求,不再注明条件).

例如, $108 = 2^2 \times 3^3$ 是 108 的标准分解式,而 $108 = 3^3 \times 2^2$ 不是.

由算术基本定理不难得到下面的结论.

推论 设大于 1 的正整数 a 的标准分解式 $a = p_1^{\alpha_1}p_2^{\alpha_2}\cdots p_{n-1}^{\alpha_{n-1}}p_n^{\alpha_n}$,若

$$d = p_1^{\beta_1}p_2^{\beta_2}\cdots p_{n-1}^{\beta_{n-1}}p_n^{\beta_n},\text{则 } d \mid a \Leftrightarrow 0 \leqslant \beta_k \leqslant \alpha_k (k = 1, 2, \cdots, n).$$

例 5 写出 7 007 的标准分解式.

分析 用从小到大的质数 2, 3, 5, …依次试除,为简化书写过程,通常写成大家熟知的短除法的形式.

解

$$\begin{array}{r|l} 7 & 7\,007 \\ \hline 7 & 1\,001 \\ \hline 11 & 143 \\ \hline & 13 \end{array}$$

故 $7\,007 = 7^2 \times 11 \times 13$.

下面我们介绍一个有关 $n!$ 的标准分解式的重要结论.

不超过实数 x 的最大整数记作 $[x]$. 例如, $[\pi] = 3$, $[-3.7] = -4$.

函数 $y=[x]$, $x\in\mathbf{R}$ 叫作**高斯(Gauss)函数**,通常叫作**取整函数**.这种通常叫法容易使人误解“$[x]$ 是 x 的整数部分”,如误解 $[-1.3]=-1$.

定理5　在 $n!$ 的标准分解式中,质因数 p 的指数为

$$h=\left[\frac{n}{p}\right]+\left[\frac{n}{p^2}\right]+\cdots+\left[\frac{n}{p^k}\right]\quad(p^k\leqslant n<p^{k+1}).$$

证明　当 $p>n$ 时,$n!$ 中不含有质因数 p,即 p 的指数为 0,而 $\left[\frac{n}{p}\right]=0$,故定理成立.

当 $p\leqslant n$ 时,设想把 2, 3, 4, …, n 都分解成标准分解式,由算术基本定理,h 就是这 $n-1$ 个分解式中 p 的指数之和.

在这 $n-1$ 个分解式中,设

含因数 p 的有 n_1 个,共有 n_1 个 p;

含因数 p^2 的有 n_2 个,共有 $2n_2$ 个 p;

……

含因数 p^k 的有 n_k 个,共有 kn_k 个 p.

则 $n!$ 分解式中含有质因数 p 的次数,就是上述 p 的个数的总和.

即

$$\begin{aligned}h&=n_1+2n_2+3n_3+\cdots+kn_k\\&=(n_1+n_2+n_3+\cdots+n_k)\\&\quad+(n_2+n_3+\cdots+n_k)\\&\quad+(n_3+\cdots+n_k)\\&\quad+\cdots\\&\quad+n_k\\&=N_1+N_2+N_3+\cdots+N_k,\end{aligned}$$

其中 $N_r=n_r+n_{r+1}+\cdots+n_k$ 是 2, 3, …, n 这 $n-1$ 个数中 p^r 的倍数的个数.

不难理解,这 $n-1$ 个数中 p^r 的倍数 p^r, $2p^r$, …, $\left[\frac{n}{p^r}\right]p^r$ 共有 $\left[\frac{n}{p^r}\right]$ 个,即

$$N_r=\left[\frac{n}{p^r}\right].$$

于是,在 $n!$ 的标准分解式中,质因数 p 的指数为

$$h=\left[\frac{n}{p}\right]+\left[\frac{n}{p^2}\right]+\cdots+\left[\frac{n}{p^k}\right]\quad(p^k\leqslant n<p^{k+1}).$$

例6　求 201! 的末尾 0 的个数.

解　201! 的末尾 0 的个数,就是在 201! 的质因数标准分解式中,可以搭配出 2×5 的最多个数.因为 $2<5$,由定理可知,其中 2 的指数必然大于 5 的指数,所以,我们只要求出其中 5 的指数即可.

因为 $125=5^3<201<625=5^4$,所以201!标准分解式中5的指数为

$$\left[\frac{201}{5}\right]+\left[\frac{201}{5^2}\right]+\left[\frac{201}{5^3}\right]=40+8+1=49,$$

即201!的末尾0的个数是49.

例7 求$\frac{100!}{6^{100}}$约简为既约分数后的分母(1989年上海初中竞赛题).

解 在100!的标准分解式中,

2的指数为 $\left[\frac{100}{2}\right]+\left[\frac{100}{2^2}\right]+\cdots+\left[\frac{100}{2^6}\right]=97,$

3的指数为 $\left[\frac{100}{3}\right]+\left[\frac{100}{3^2}\right]+\left[\frac{100}{3^3}\right]+\left[\frac{100}{3^4}\right]=48,$

因此,约简后的分母为 $2^3\cdot 3^{52}$.

本节结束之前,有必要特别指出:虽然定理4从理论上解决了一个大于1的正整数可以分解质因数而且结果唯一,但实际上当一个正整数比较大时不好分解.

例如,据1994年5月2日《参考消息》第7版刊登的一条消息称:1977年美国数学家和计算机专家发明了RSA密码系统,作为该系统的一个破译难度标准,编制了由两个质数相乘得到的一个129位数构成的密码数,结果五大洲600多位科学家用1 600台计算机联网,合作攻关8个月才破译,即把这个密码合数分解为两个质数之积.

在现代政务和商务活动中,数字签名就是利用这一原理设置密钥中的公钥和私钥.

关于密码学的更多介绍,请参见本书的附录2.

数论中还有许多类似的问题,看似简单,实则可能是困扰了数学家们几百年的难题.

例如,由上节“2”的性质5与本节质数的概念易知,“两个奇质数之和是一个不小于6的偶数”.反之,其逆命题“一个不小于6的偶数,可以表示为两个奇质数之和”成立吗?

早在1742年6月7日,彼得堡科学院院士哥德巴赫(Goldbach)给大数学家欧拉(Euler)的信中就提出该问题并猜想成立.欧拉当月30日复信断言成立,但又说明自己不能给出证明.

几百年过去了,数学家们一直前赴后继,但至今尚未获证,这就是世界数学史上著名的**哥德巴赫猜想(简记为(1+1))**.

反证易知,去掉猜想表述中的“奇”字,仍与原表述等价.即每个不小于6的偶数,均可表示为两个质数之和.

截至目前,最好的成果“每个不小于6的偶数,均可表示为一个质数与不超过两个质数的乘积之和”(1+2)是由我国数学家陈景润在1966年给出的.

值得指出的是,那之后的几十年来,中科院、大学研究所、报刊社不断收到关于(1+1)的错误证明,中科院专家告诫人们:“不仅业余爱好者证不出来,就是数论专家在采用新方法之前也不可能得到证明.”(参见2002年第10期《数学通报》第3面《谁在

证明哥德巴赫猜想》）

习题1.4

1. 使 $n+k(k=1,2,3)$ 均为合数，且 $n+3\leqslant 30$ 的正整数 n 的允许值有多少个？
2. 设 a 为偶数，且 $a>4$，p，q 均为质数，若 $a=p+q$，求证：p，q 均为奇质数.
3. 91个人可否平均分成几个组数和各组内人数大于1的小组？如可，有哪几种分法？
4. 36块体积为1的正方体，可拼成几个不同的棱长大于1的长方体？
5. 求证：9个连续正整数中最多有4个质数.
6. 判断下列各数是质数还是合数：

(1) 2 641，3 848，823，2 027；

(2) $f(n)=n^2+n+41(n=39,40)$.

7. 把9个数20，26，33，35，39，42，44，55，91分为三组，每组3个数，使各组内的3个数之积相等.
8. (1) 一个长方体前面和上面的面积之和为209平方厘米，长、宽、高的厘米数均为质数，求其表面积.

(2) 一个7位电话号码是几个连续质数之积，且其末4位数是前3位数的10倍，求该电话号码.

9. 某人出生年月日数之积为428 575，求此人出生日期.
10. 若 $1\,176a=b^4$（a，b 为正整数），求 a 的最小值.
11. $N^2=\overline{abcdefabc}$ 的平方根是四个不等质数之积，且 $a\neq 0$，$\overline{def}=2\cdot\overline{abc}$. 求 N^2.
12. 求100！末尾0的个数.
13. 写出50！的标准分解式.
14. 将 C_{30}^{15} 分解为标准分解式.
15. 求使 $\dfrac{101\times 102\times 103\times\cdots\times 999\times 1\,000}{7^k}$ 为整数的最大正整数 k.

第5节　最大公因数

引例　一个地面为3.6 m×5.6 m的房间，能用边长最大是多少厘米的正方形地板砖铺地（不计缝隙），才不至于剪裁地板砖？

解决这个问题，要用地面长与宽公有的因数中的最大者作为地板砖的边长.

本节讨论问题的范围回到整数集.

1. 最大公因数的概念

下面讨论几个数公有的因数问题.

显然,3是6,9,18公有的因数,我们称之为6,9,18的一个公因数.

定义1 若$b \mid a_1$,$b \mid a_2$,…,$b \mid a_n$,则b叫作$a_1, a_2, \cdots, a_n$的公因数.

例如,−3,6都是12与18的公因数,其中6是12与18的所有公因数中最大的一个,叫作12与18的最大公因数,记作$(12, 18) = 6$.

定义2 整数$a_1, a_2, \cdots, a_n$公因数中最大的一个,叫作$a_1, a_2, \cdots, a_n$的最大公因数,记作$(a_1, a_2, \cdots, a_n)$,读作$a_1, a_2, \cdots, a_n$的最大公因数.

显然$(a_1, a_2, \cdots, a_n)$是正整数.

定理1 整数$a_1, a_2, \cdots, a_n$的最大公因数唯一存在.

证明 存在性.

因为$a_1, a_2, \cdots, a_n$每个数的因数个数有限,所以它们公因数的个数也有限,有限个数中必有最大数,所以它们的公因数中必有一个最大者,即$a_1, a_2, \cdots, a_n$存在最大公因数.

唯一性.

设$(a_1, a_2, \cdots, a_n) = d$,$(a_1, a_2, \cdots, a_n) = q$.

若$d < q$,则与$(a_1, a_2, \cdots, a_n) = d$矛盾;

若$q < d$,则与$(a_1, a_2, \cdots, a_n) = q$矛盾.

所以$d = q$,即$a_1, a_2, \cdots, a_n$的最大公因数是唯一的.

定义3 若$(a_1, a_2, \cdots, a_n) = 1$,则称$a_1, a_2, \cdots, a_n$互质;若$a_1, a_2, \cdots, a_n$中任意两个互质,则称$a_1, a_2, \cdots, a_n$两两互质.

若几个数两两互质,则这几个数一定互质,反之未必成立.

例如2,3,5两两互质,它们也互质;3,4,6互质但不两两互质.

几个互异质数两两互质.

定理2 若$a_1, a_2, \cdots, a_n$是不全为零的整数,则

$$a_1, a_2, \cdots, a_n \text{ 与 } |a_1|, |a_2|, \cdots, |a_n|$$

有相同的公因数,且

$$(a_1, a_2, \cdots, a_n) = (|a_1|, |a_2|, \cdots, |a_n|).$$

证明 设$p \mid a_k (k = 1, 2, 3, \cdots, n)$,则存在$n$个整数$q_k$,使得$a_k = pq_k$.所以$|a_k| = |pq_k| = p(\pm |q_k|)$,所以

$$p \mid |a_k| (k = 1, 2, 3, \cdots, n).$$

即$a_1, a_2, \cdots, a_n$的任意公因数是$|a_1|, |a_2|, \cdots, |a_n|$的公因数.

反之,同理可证$|a_1|, |a_2|, \cdots, |a_n|$的任意公因数也是$a_1, a_2, \cdots, a_n$的公因数.

故$a_1, a_2, \cdots, a_n$与$|a_1|, |a_2|, \cdots, |a_n|$有相同的公因数.当然,其中最大

者也相同，即

$$(a_1, a_2, \cdots, a_n) = (|a_1|, |a_2|, \cdots, |a_n|).$$

该定理告诉我们，讨论任意几个不全为零的整数的最大公因数问题，可以转化为讨论几个非负整数的最大公因数问题，因此本节下面的讨论将在非负整数范围内进行.

2. 最大公因数的性质

前面我们给出了最大公因数及其有关的概念和结论，下面讨论最大公因数的性质，并为后面的求法提供理论根据. 注意试用文字语言表述这些性质，有助于理解、记忆和应用.

定理 3　若 $a = bq + r(0 \leqslant r < b)$，则 $(a, b) = (b, r)$.

证明　设 $(a, b) = d$, $(b, r) = e$，则 $d \mid a$, $d \mid b$，故 $d \mid (a - bq) = r$, d 是 b, r 的一个公因数，而 $(b, r) = e$，故 $d \leqslant e$.

同理可得 $e \leqslant d$. 故 $d = e$，即 $(a, b) = (b, r)$.

例如，由 $377 = 319 \times 1 + 58$，可得 $(319, 377) = (319, 58)$.

定理 4　若 $d > 0$, $d \mid a$, $d \mid b$，则 $(a, b) = d \Leftrightarrow$ 存在整数 s, t，使得 $d = as + bt$ [这是具有重要价值的贝祖(Bézout)等式].

证明　必要性.

不妨设 $a > b$，用 b 除 a, $a = bq_1 + r_1(0 \leqslant r_1 < b)$，由定理 3 可知，

$$d = (a, b) = (b, r_1).$$

若 $r_1 = 0$，则 $d = (a, b) = (b, r_1) = b$，取 $s = 0$, $t = 1$ 即有

$$d = as + bt.$$

若 $r_1 \neq 0$，用 r_1 除 b, $b = r_1 q_2 + r_2(0 \leqslant r_2 < r_1)$，则

$$(b, r_1) = (r_1, r_2).$$

若 $r_2 = 0$，则 $d = (r_1, r_2) = r_1 = a - bq_1$，取 $s = 1$, $t = -q_1$，即

$$d = as + bt.$$

若 $r_2 \neq 0$，用 r_2 除 r_1, $r_1 = r_2 q_3 + r_3(0 \leqslant r_3 < r_2)$，则

$$(r_1, r_2) = (r_2, r_3).$$

若 $r_3 = 0$，则

$$\begin{aligned} d &= (r_2, r_3) = r_2 = b - r_1 q_2 = b - (a - bq_1)q_2 \\ &= a(-q_2) + b(1 + q_1 q_2), \end{aligned}$$

取 $s = -q_2$, $t = 1 + q_1 q_2$，即有 $d = as + bt$.

若 $r_3 \neq 0$，依此类推下去，因为余数逐渐减小，所以除若干次必有：

$$r_{n-3}=r_{n-2}q_{n-1}+r_{n-1}\quad(0\leqslant r_{n-1}<r_{n-2}),$$
$$r_{n-2}=r_{n-1}q_n+r_n\quad(0\leqslant r_n<r_{n-1}),$$
$$r_{n-1}=r_nq_{n+1},$$

则 $d=(a, b)=(b, r_1)=(r_1, r_2)=\cdots=(r_{n-1}, r_n)=r_n$,故

$$d=r_n=r_{n-2}-r_{n-1}q_n.$$

把 $r_{n-1}=r_{n-3}-r_{n-2}q_{n-1}$ 代入上式即可消去 r_{n-1},仿照上述过程逐步回代,必可找到整数 s, t,使得 $d=as+bt$.

充分性.

设 $(a, b)=q$.

$\because$ d 是 a, b 的公因数,$\therefore$ $d\leqslant q$.

$\because$ $(a, b)=q$, $\therefore$ $q\mid a$, $q\mid b$, $\therefore$ $q\mid as+bt=d$, $\therefore$ $q\leqslant d$.

$\therefore$ $q=d$,即$(a, b)=d$.

推论 $(a, b)=1\Leftrightarrow$ 存在整数 s, t,使得 $as+bt=1$.

定理5 设 q 是 a, b 的任意一个公因数,d 是 a, b 的一个公因数,则

$$d=(a, b)\Leftrightarrow q\mid d\text{(请读者自己证明)}.$$

定理6 设 $d\mid a$, $d\mid b$,则 $d=(a, b)\Leftrightarrow\left(\frac{a}{d}, \frac{b}{d}\right)=1$.

证明 必要性.

设 $\left(\frac{a}{d}, \frac{b}{d}\right)=p>1$,则 $p\mid \frac{a}{d}$, $p\mid \frac{b}{d}$, $\therefore$ $dp\mid a$, $dp\mid b$,这说明 dp 是 a 与 b 的一个公因数,而 $dp>d$,这与 $d=(a, b)$ 矛盾,故 $\left(\frac{a}{d}, \frac{b}{d}\right)=1$.

充分性.

若 $(a, b)=q>d$,则 $\because$ $d\mid a$, $d\mid b$,由定理5可知 $d\mid q$.

设 $q=dp(p>1)$,$\because$ $(a, b)=q$, $\therefore$ $q\mid a$, $q\mid b$,

$\therefore$ $dp\mid a$, $dp\mid b$, $\therefore$ $p\mid \frac{a}{d}$, $p\mid \frac{b}{d}$,

即 p 是 $\frac{a}{d}, \frac{b}{d}$ 的一个大于1的公因数,这与 $\left(\frac{a}{d}, \frac{b}{d}\right)=1$ 矛盾.

故 $(a, b)=d$.

推论 设 $d\mid a_k(k=1, 2, \cdots, n)$,则

$$(a_1, a_2, \cdots, a_n)=d\Leftrightarrow\left(\frac{a_1}{d}, \frac{a_2}{d}, \cdots, \frac{a_n}{d}\right)=1.$$

定理7 $(ac, bc)=c(a, b)$.

证明 设 $(a, b)=d$,则 $\left(\frac{a}{d}, \frac{b}{d}\right)=1$,

$$\therefore \left(\frac{ac}{dc}, \frac{bc}{dc}\right) = 1,\ \therefore (ac, bc) = dc = c(a, b).$$

例 1　若 $(a, b) = 1$,求 $(a-b, a+b)$.

解　设 $(a-b, a+b) = d$,则 $d \mid a-b$, $d \mid a+b$,

$\therefore d \mid 2a$, $d \mid 2b$, $d \mid (2a, 2b) = 2(a, b) = 2$,

$\therefore d = 1$ 或 $d = 2$.

推论　$(ca_1, ca_2, \cdots, ca_n) = c(a_1, a_2, \cdots, a_n)$.

例如,$(12, 28, 64) = 4(3, 7, 16) = 4 \times 1 = 4$.

定理 8　若 $a \mid bc$,且 $(a, b) = 1$,则 $a \mid c$.

证明　方法 1　$\because (a, b) = 1$, $\therefore c = c(a, b) = (ac, bc)$.

$\because a \mid ac$, $a \mid bc$, $\therefore a \mid (ac, bc) = c$.

方法 2　$\because (a, b) = 1$, $\therefore$ 存在整数 s, t,使 $as + bt = 1$, $\therefore cas + cbt = c$. $\because a \mid ac$, $a \mid bc$, $\therefore a \mid cas + cbt = c$.

推论　设 p 为质数,若 $p \mid ab$,则 $p \mid a$ 或 $p \mid b$(读者自证).

定理 9　若 $a \mid c$, $b \mid c$,且 $(a, b) = 1$,则 $ab \mid c$.

证明　$\because (a, b) = 1$, $\therefore c = c(a, b) = (ac, bc)$.

$\because a \mid c$, $b \mid c$, $\therefore ab \mid bc$, $ab \mid ac$.

$\therefore ab \mid (ac, bc) = c$.

例如,因为 $2 \mid 12$, $3 \mid 12$, $(2, 3) = 1$,所以 $2 \times 3 = 6 \mid 12$.

例 2　某些数,被 2 除所得商是完全平方数,被 3 除所得商是完全立方数,被 5 除所得商是完全五次方数,求其中的最小者.

解　设所求之数为 $m = 2^a \times 3^b \times 5^c (a, b, c \in \mathbf{N}^*)$,则

$$\begin{array}{lll} 2 \mid (a-1), & 2 \mid b, & 2 \mid c; \\ 3 \mid a, & 3 \mid (b-1), & 3 \mid c; \\ 5 \mid a, & 5 \mid b, & 5 \mid (c-1). \\ \Rightarrow 15 \mid a, & 10 \mid b, & 6 \mid c. \end{array}$$

可见,取 $a = 15$, $b = 10$, $c = 6$,得

$$m = 2^{15} \times 3^{10} \times 5^6 = 30\,233\,088\,000\,000$$

即为所求之数.

定理 10　若 $(a, b) = 1$,则 $(a, bc) = (a, c)$.

证明　设 $(a, bc) = d$, $(a, c) = h$,则 $d \mid a$, $d \mid bc$.

$\because (a, b) = 1$, $d \mid a$, $(d, b) = 1$, $\therefore d \mid c$, $d \mid h$.

反之,同理可得 $h \mid d$, $\therefore d = h$,即 $(a, bc) = (a, c)$.

例如,$(9, 1\,350) = (9, 135) = (9, 27) = 9$.

推论 1　若 $(a, b_k) = 1 (k = 1, 2, \cdots, n)$,则 $(a, b_1 b_2 \cdots b_n) = 1$.

推论 2 若 $a \mid m, b \mid m, c \mid m$,且 a, b, c 两两互质,则 $abc \mid m$.

证明 $\because a \mid m, b \mid m, (a, b) = 1, \therefore ab \mid m$.

$\because (a, c) = 1, (b, c) = 1, \therefore (ab, c) = 1$.

$\because c \mid m, \therefore abc \mid m$.

推论 3 若 $(a, b) = 1$,则 $(a, b^n) = 1, (a^n, b^n) = 1, (a^n, b^m) = 1 (n, m \in \mathbf{N}^*)$.

推论 4 $(a^n, b^n) = (a, b)^n (n \in \mathbf{N}^*)$.

推论 5 若 $a_1, a_2, \cdots, a_n$ 中任意一个与 $b_1, b_2, \cdots, b_m$ 中任意一个互质,则 $(a_1 a_2 \cdots a_n, b_1 b_2 \cdots b_m) = 1$.

若 $(a, b) = 1, (c, d) = 1$,则 $(ac, bd) = 1$ 成立吗?举例说明.

例 3 若 $(a, d) = (b, c) = 1, (a, b) = k, (c, d) = h$,求:

$$(ac, bd), (a^3c^3, b^3d^3), (a^3c^5, b^3d^5).$$

解 (1) $\because (a, b) = k, (c, d) = h$,

$\therefore \left(\frac{a}{k}, \frac{b}{k}\right) = 1, \left(\frac{c}{h}, \frac{d}{h}\right) = 1$.

$\because (a, d) = (b, c) = 1$,

$\therefore \left(\frac{a}{k}, \frac{d}{h}\right) = 1, \left(\frac{c}{h}, \frac{b}{k}\right) = 1$,

$\therefore \left(\frac{ac}{kh}, \frac{bd}{kh}\right) = 1, \therefore (ac, bd) = kh$.

(2) $(a^3c^3, b^3d^3) = (ac, bd)^3 = k^3h^3$.

(3) 由(1), $\left(\frac{a}{k}, \frac{b}{k}\right) = 1, \left(\frac{c}{h}, \frac{d}{h}\right) = 1, \left(\frac{a}{k}, \frac{d}{h}\right) = 1, \left(\frac{c}{h}, \frac{b}{k}\right) = 1$,

$\therefore \left(\frac{a^3}{b^3}, \frac{b^3}{k^3}\right) = 1, \left(\frac{c^5}{h^5}, \frac{d^5}{h^5}\right) = 1, \left(\frac{a^3}{k^3}, \frac{d^5}{h^5}\right) = 1, \left(\frac{c^5}{h^5}, \frac{b^3}{k^3}\right) = 1$,

故 $\left(\frac{a^3c^5}{k^3h^5}, \frac{b^3d^5}{k^3h^5}\right) = 1$,即 $(a^3c^5, b^3d^5) = k^3h^5$.

定理 11 若 $(a_1, \cdots, a_k) = d_k$,则

$$(a_1, \cdots, a_k, a_{k+1}, \cdots, a_n) = (d_k, a_{k+1}, \cdots, a_n).$$(请大家自证)

例如, $(24, 32, 4) = ((24, 32), 4) = (8, 4) = 4$.

3. 最大公因数的求法

根据最大公因数的定义和性质,我们可以得到多种求最大公因数的方法,在此只介绍常用的、重要的基本方法.

(1) 分解质因数法.

根据定理 5 可知,几个数的公因数是这几个数最大公因数的因数,由此和最大公因数的定义,我们可以得到求最大公因数的分解质因数法,其过程如下:

① 写出各数的标准分解式；

② 写出各分解式共同的质因数及其最小次方数，并把如此得到的幂写成连乘的形式.

例 4　求(60，108，24).

解　$\because 60=2^2\times3\times5,\ 108=2^2\times3^3,\ 24=2^3\times3,\ \therefore (60,\ 108,\ 24)=2^2\times3=12.$

(2) 提取公因数法(短除法).

根据定理 7，可用逐步提取公因数的方法求几个数的最大公因数.

例 5　求(162，216，378，108).

解　$(162,\ 216,\ 378,\ 108)=2\times(81,\ 108,\ 189,\ 54)=2\times9\times(9,\ 12,\ 21,\ 6)$

$$=18\times3\times(3,\ 4,\ 7,\ 2)=54\times1=54.$$

这一过程通常写成下面的短除形式：

2	162	216	378	108
9	81	108	189	54
3	9	12	21	6
	3	4	7	2

$\because (3,\ 4,\ 7,\ 2)=1,\ \therefore (162,\ 216,\ 378,\ 108)=2\times9\times3=54.$

(3) 辗转相除法.

从定理 3 和定理 4 的证明过程，可以得到求两个正整数的最大公因数的一般性方法. 下面举例说明.

例 6　求(5 767，4 453).

解　$\because 5\,767=4\,453\times1+1\,314,\ \therefore (5\,767,\ 4\,453)=(4\,453,\ 1\,314);$

$\because 4\,453=1\,314\times3+511,\ \therefore (4\,453,\ 1\,314)=(1\,314,\ 511);$

$\because 1\,314=511\times2+292,\ \therefore (1\,314,\ 511)=(511,\ 292);$

$\because 511=292\times1+219,\ \therefore (511,\ 292)=(292,\ 219);$

$\because 292=219\times1+73,\ \therefore (292,\ 219)=(219,\ 73);$

$\because 219=73\times3+0,\ \therefore (219,\ 73)=73.$

$\therefore (5\,767,\ 4\,453)=73.$

上述过程数据、符号书写重复太多，可以简化为下面的竖式：

1	4 453	5 767	
	3 942	4 453	
2	511	1 314	3
	292	1 022	
1	219	292	1
	219	219	
	0	73	3

；

q_1	b	a	
	r_1q_2	bq_1	
q_3	r_2	r_1	q_2
	r_3q_4	r_2q_3	
q_5	r_4	r_3	q_4
	r_5q_6	r_4q_5	
	r_6	r_5	q_6

所以 $(5\,767, 4\,453) = 73$; $(a, b) = (b, r_1) = (r_1, r_2) = \cdots$.

这种方法叫作**辗转相除法**,也叫作欧几里得算法. 它具有一般性,当难以发现非 1 公因数时非常有效,如用来证明两数互质. 在以后各章也均有应用,在理论上也具有重要价值.

例 7 求 $(1\,008, 1\,260, 882, 1\,134)$.

分析 可改求 $(((1\,008, 1\,260), 882), 1\,134)$ 或 $((1\,008, 1\,260), (882, 1\,134))$.

解 由辗转相除法可得

$$(1\,008, 1\,260) = 252, (882, 1\,134) = 126,$$

而 $(252, 126) = 126$,故 $(1\,008, 1\,260, 882, 1\,134) = 126$.

4. 欧拉算法

根据定理 4 的证明,用辗转相除法可以把两个数的最大公因数表示为这两个数的倍数和.

例 8 把 $(5\,767, 4\,453)$ 表示成 5 767 与 4 453 的倍数和.

解 逆转例 6 的求解过程,可得

$$\begin{aligned}73 &= 292 - 219 = 292 - (511 - 292) = 292 \times 2 - 511 \\ &= (1\,314 - 511 \times 2) \times 2 - 511 = 1\,314 \times 2 - 511 \times 5 \\ &= 1\,314 \times 2 - (4\,453 - 1\,314 \times 3) \times 5 = 1\,314 \times 17 - 4\,453 \times 5 \\ &= (5\,767 - 4\,453) \times 17 - 4\,453 \times 5 \\ &= 17 \times 5\,767 + (-22) \times 4\,453.\end{aligned}$$

可见,这一过程烦琐而且容易出错,欧拉给出了下面的方法,我们称之为**欧拉算法**,其步骤如下:

(1) 最后一个商 $q_6 = 3$ 不要,将其余的商按相反次序排成一行:

$$q_5 \quad q_4 \quad q_3 \quad q_2 \quad q_1$$

写在横线上方.

(2) 在横线下方,对齐横线上方左数第一个商 q_5 写 q_5,在 q_5 的左边写数 1.

(3) 用横线上方左数第二个商 q_4 按箭头所示方向乘 q_5,再加 q_5 左侧箭头所指向的数值 1,把所得结果 q_4q_5+1 对齐 q_4 写在横线下方. 以下各步仿照上一步进行,直到算写完毕为止.

(4) 在横线下方最后写出的两个数,就是"把 $(5\,767, 4\,453)$ 表示成 5 767 与 4 453 的倍数和"时,5 767, 4 453 的倍数的绝对值(大小交叉配值),倍数的符号分别为 $(-1)^4$, $(-1)^5$,其指数分别为辗转相除的次数减 2、减 1(指数相差 1,配小值者指数低).

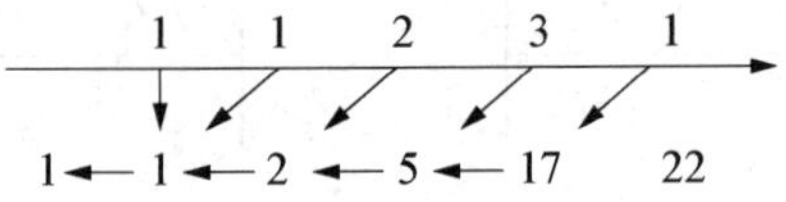

1 1 2 3 1

1 ← 1 ← 2 ← 5 ← 17 22

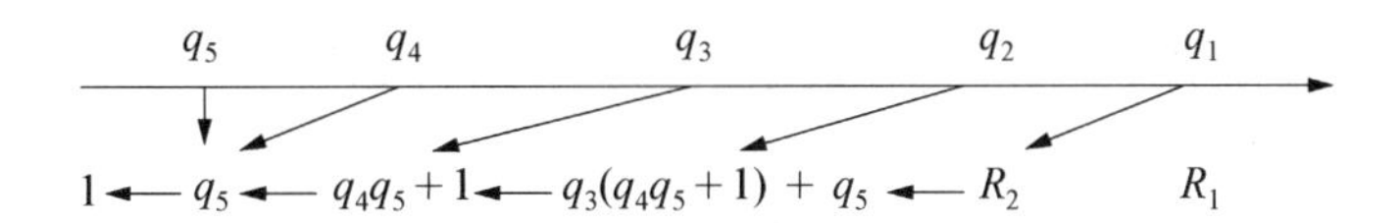

即 $73 = (5\,767,\ 4\,453)$

$$= (-1)^4 \times 17 \times 5\,767 + (-1)^5 \times 22 \times 4\,453$$

$$= 17 \times 5\,767 - 22 \times 4\,453.$$

实际解题时,箭头可以省略.该方法在后面各章均有应用,其理论依据见本章末的拓展阅读.

例 9　求一对整数 x, y,使 $37x + 107y = 25$.

分析　先把 $(37, 107) = 1$ 表示成 37 与 107 的倍数和,再在两边同乘 25,即可求得一对整数 x, y.

解

2	37	107	
	33	74	
8	4	33	1
	4	32	
	0	1	4

	8	1	2
1	8	9	26

因此,$(37, 107) = 1 = 37 \times (-1)^3 \times 26 + 107 \times (-1)^2 \times 9$

$$= 37 \times (-26) + 107 \times 9,$$

$25 = 37 \times (-26 \times 25) + 107 \times (9 \times 25)$

$$= 37 \times (-650) + 107 \times 225.$$

故 $x = -650$, $y = 225$.

习题 1.5

1. 设 p 为质数,a 为整数,求证:$p \nmid a \Leftrightarrow (p, a) = 1$.

2. 求证:$(a, b) = (a - b, b)$,反复运用这个结论求最大公因数的方法叫作辗转相减法.用这一方法求:

$$(62, 48),\ (n, n-1),\ (n, n-2).$$

3. 将 0 至 9 十个数字按任意顺序填入下面的"□"内,得 28 位数:

5□383□8□2□936□5□8□203□9□3□76,

这些 28 位数中有多少个可被 396 整除?

4. 某人几个月前买 72 只桶所花钱数记的账有两个数字已认不清,现状是

□67.9□元，请你补上这笔账.

5. 从0，3，5，7中任意取三个，排成能同时被2，3，5整除的三位数，共有多少个?

6. 用欧拉算法完成下列各题：

(1) 把(150，42)表示为150和42的倍数和；

(2) 求一对整数 s，t，使 $253s+449t=(253, 449)$.

7. 设 $a, b\in \mathbf{N}^*$，且 $a\leqslant b$，若 $ab=5\,766$，$(a, b)=31$，求 a，b.

8. 设 $a, b\in \mathbf{N}^*$，$a\leqslant b$，若 $a+b=50$，$(a, b)=5$，求 a，b.

9. 叙述本节定理5和定理11的含义并加以证明.

10. 某大于1的整数除300，262，205余数相同，求这个整数(首届“华罗庚金杯”少年数学邀请赛题).

11. 某商厦销售某种货物，去今两年销售金额分别为36 963元、59 570元，若两年销售单价相同且为大于1的整数元，去今两年销售这种货物各多少件?

12. 有两个容量分别为27升、15升的容器，可否用它们从足量的桶油中倒出6升的油来?

第6节　最小公倍数

引例　排练团体操，要队伍变成10行、15行、18行、24行时，队形都成矩形，最少要多少人参加排练?

解决这个问题，需要寻找这些行数公有的倍数之最小者.

下面就讨论几个数公有的倍数及其最小者的定义、性质和求法.注意对比上节相似内容，有助于深入理解和掌握.本节讨论问题的范围与上节相同，仍是整数集.

1. 最小公倍数的概念

$3\mid 48$，$6\mid 48$，可见，48是3，6公有的倍数，我们称之为3，6的一个公倍数.

定义1　设 $a_k(k=1, 2, \cdots, n)$，m 都是整数，若 $a_k\mid m$，则 m 叫作 $a_1, a_2, \cdots, a_n$ 的公倍数.

例如，0，±6，±12，±24，±48，… 都是2，3，6三个数的公倍数，其中，6是这些公倍数中最小的一个正整数，叫作2，3，6的最小公倍数，记作 $[2, 3, 6]=6$.

可见，几个数的公倍数有无穷多个，几个数的最小公倍数有且只有一个.

定义2　几个非零整数 $a_1, a_2, \cdots, a_n$ 公有的倍数中最小的正整数，叫作 $a_1, a_2, \cdots, a_n$ 的最小公倍数，记作 $[a_1, a_2, \cdots, a_n]$.

定理1　几个非零整数 $a_1, a_2, \cdots, a_n$ 的最小公倍数唯一存在.

证明　存在性.

显然，$a_1a_2\cdots a_n$ 是 $a_1, a_2, \cdots, a_n$ 的一个公倍数，这说明 $a_1, a_2, \cdots, a_n$ 的公倍数存

在. 根据最小数原理,其正的公倍数中必存在最小正整数,即存在最小公倍数.

唯一性.

设 $[a_1, a_2, \cdots, a_n]=m$, $[a_1, a_2, \cdots, a_n]=q$.

若 $m<q$,则与$[a_1, a_2, \cdots, a_n]=q$ 矛盾;

若 $q<m$,则与$[a_1, a_2, \cdots, a_n]=m$ 矛盾.

故 $m=q$. 即 $a_1, a_2, \cdots, a_n$ 的最小公倍数唯一.

定理 2　若 $a_1, a_2, \cdots, a_n$ 均为非零整数,则

$$[a_1, a_2, \cdots, a_n]=[|a_1|, |a_2|, \cdots, |a_n|].$$

该定理说明,求几个非零整数的最小公倍数可化为求几个正整数的最小公倍数.

2. 最小公倍数的性质

下面我们讨论最小公倍数的性质,注意试用文字语言表述这些性质,有助于理解和应用.

定理 3　设 m 是 $a_1, a_2, \cdots, a_n$ 的一个公倍数,q 是 $a_1, a_2, \cdots, a_n$ 的任意一个公倍数,则 $m=[a_1, a_2, \cdots, a_n] \Leftrightarrow m \mid q$.

证明　必要性.

若 $m \nmid q$, $\because$ $m=[a_1, a_2, \cdots, a_n]$, $\therefore$ $m<q$.

设 $q=mx+r(0<r<m)$.

$\because$ $a_k \mid m$, $a_k \mid q$, $\therefore$ $a_k \mid (q-mx)=r(k=1, 2, \cdots, n)$,

$\therefore$ r 也是 $a_1, a_2, \cdots, a_n$ 的一个公倍数.

而 $r<m$,这与 $m=[a_1, a_2, \cdots, a_n]$ 矛盾.

故 $m \mid q$.

充分性.

设 $[a_1, a_2, \cdots, a_n]=p \neq m$.

$\because$ $m \mid q$, p 是 $a_1, a_2, \cdots, a_n$ 的公倍数,$\therefore$ $m \mid p$, $m<p$,

这与 $[a_1, a_2, \cdots, a_n]=p$ 矛盾.

故 $p=m$.

定理 4　设 $a_p \mid m(p=1, 2, \cdots, n)$,则

$$m=[a_1, a_2, \cdots, a_n] \Leftrightarrow \left(\frac{m}{a_1}, \frac{m}{a_2}, \cdots, \frac{m}{a_n}\right)=1.$$

证明　必要性.

设 $\left(\frac{m}{a_1}, \frac{m}{a_2}, \cdots, \frac{m}{a_n}\right)=q>1$,则 $q \mid \frac{m}{a_p}$,

$\therefore$ $qa_p \mid m$, $\therefore$ $a_p \left| \frac{m}{q}\right.$,这说明$\frac{m}{q}$ 是 a_p 的公倍数($p=1, 2, \cdots, n$).

而 $\frac{m}{q}<m$,与 $m=[a_1, a_2, \cdots, a_n]$ 矛盾,故

$$\left(\frac{m}{a_1}, \frac{m}{a_2}, \cdots, \frac{m}{a_n}\right)=1.$$

充分性.

设$[a_1, a_2, \cdots, a_n]=k<m$,则由定理3可知,$k \mid m$.

设$m=kq(q>1)$,则

$$\because a_p \mid k(p=1, 2, \cdots, n), \therefore a_p \left| \frac{m}{q}, \therefore q \right| \frac{m}{a_p},$$

即q是$\frac{m}{a_p}(p=1, 2, \cdots, n)$的大于1的公因数,这与$\left(\frac{m}{a_1}, \frac{m}{a_2}, \cdots, \frac{m}{a_n}\right)=1$矛盾.

故$m=[a_1, a_2, \cdots, a_n]$.

定理5 $[ka_1, ka_2, \cdots, ka_n]=k[a_1, a_2, \cdots, a_n]$(请读者自己证明).

定理6 $[a, b](a, b)=ab$.

证明 设$[a, b]=m$,由定理4得$\left(\frac{m}{a}, \frac{m}{b}\right)=1$,故

$$\left(\frac{mb}{ab}, \frac{ma}{ab}\right)=1, \left(\frac{b}{\frac{ab}{m}}, \frac{a}{\frac{ab}{m}}\right)=1,$$

由上节定理6得$(a, b)=\frac{ab}{m}$,从而$(a, b)m=ab$,即

$$[a, b](a, b)=ab.$$

推论1 若$(a, b)=1$,则$[a, b]=ab$.

推论2 $[a^n, b^n]=[a, b]^n$.

证明 $[a^n, b^n]=\frac{a^n b^n}{(a^n, b^n)}=\frac{a^n b^n}{(a, b)^n}=\left(\frac{ab}{(a, b)}\right)^n=[a, b]^n$.

推论3 若$(a, b)=1$,则$[a, bc]=b[a, c]$.

定理7 若$[a_1, a_2, \cdots, a_k]=m_k$,则

$$[a_1, a_2, \cdots, a_n]=[m_k, a_{k+1}, \cdots, a_n].$$

分析 可以证明$a_1, a_2, \cdots, a_n$与$m_k, a_{k+1}, \cdots, a_n$有相同的公倍数.

证明 (1) 先证$a_1, a_2, \cdots, a_n$的任一公倍数是$m_k, a_{k+1}, \cdots, a_n$的公倍数.

设m是$a_1, a_2, \cdots, a_n$的任一公倍数,则m是$a_1, a_2, \cdots, a_k$公倍数,而

$$[a_1, a_2, \cdots, a_k]=m_k,$$

由定理3知,m是m_k的倍数.

又知m是$a_{k+1}, \cdots, a_n$的公倍数,所以,m是$m_k, a_{k+1}, \cdots, a_n$的公倍数.

(2) 再证$m_k, a_{k+1}, \cdots, a_n$的任一公倍数是$a_1, a_2, \cdots, a_n$的公倍数.

设q是$m_k, a_{k+1}, \cdots, a_n$的任一公倍数,则$q$是$m_k$的倍数,而$[a_1, a_2, \cdots, a_k]=m_k$,

故 q 是 $a_1, a_2, \cdots, a_k$ 的公倍数.

又 q 是 $a_{k+1}, \cdots, a_n$ 的公倍数,故 q 是 $a_1, a_2, \cdots, a_n$ 的公倍数.

由(1),(2)知 $a_1, a_2, \cdots, a_n$ 与 $m_k, a_{k+1}, \cdots, a_n$ 有相同的公倍数,进而可知两者有相同的最小公倍数.

推论　若 $[a_1, a_2, \cdots, a_k]=m_k$, $[a_{k+1}, \cdots, a_n]=q_k$,则

$$[a_1, a_2, \cdots, a_n]=[m_k, q_k].$$

例如,$[4, 8, 12]=[[4, 8], 12]=[8, 12]=24$;

$[2, 4, 9, 8, 27]=[[2, 4, 8],[9, 27]]=[8, 27]=216$.

定理 8　若 $(h, a_m)=1(m=k+1, k+2, \cdots, n)$,则

$$[ha_1, ha_2, \cdots, ha_k, a_{k+1}, \cdots, a_n]=h[a_1, a_2, \cdots, a_k, a_{k+1}, \cdots, a_n].$$

证明　$\because (h, a_m)=1(m=k+1, k+2, \cdots, n)$,

$\therefore (h, a_{k+1}\cdots a_n)=1$,

$\therefore a_{k+1}\cdots a_n$ 是 $a_{k+1}, \cdots, a_n$ 的公倍数,

$\therefore [a_{k+1}, \cdots, a_n] \mid a_{k+1}\cdots a_n$,

$\therefore (h,[a_{k+1}, \cdots, a_n])=1$.

又由定理 5 和定理 6 的推论 3 可知,

$$\begin{aligned}&[ha_1, ha_2, \cdots, ha_k, a_{k+1}, \cdots, a_n]\\=&[[ha_1, ha_2, \cdots, ha_k],[a_{k+1}, \cdots, a_n]]\\=&[h[a_1, a_2, \cdots, a_k],[a_{k+1}, \cdots, a_n]]\\=&h[[a_1, a_2, \cdots, a_k],[a_{k+1}, \cdots, a_n]]\\=&h[a_1, a_2, \cdots, a_k, a_{k+1}, \cdots, a_n].\end{aligned}$$

例如,
$$\begin{aligned}&[2, 4, 12, 9, 17, 18]\\=&2\times[1, 2, 6, 9, 17, 9]\\=&2\times2\times[1, 1, 3, 9, 17, 9]\\=&4\times3\times[1, 1, 1, 3, 17, 3]\\=&12\times3\times[1, 1, 1, 1, 17, 1]\\=&36\times17\\=&612.\end{aligned}$$

定理 9　$[a, b, c](ab, ac, bc)=abc$;$(a, b, c)[ab, ac, bc]=abc$.

证明　只证前者,后者同理,请大家自证.

$$\begin{aligned}[a, b, c]&=[[a, b], c]=\frac{[a, b]c}{([a, b], c)}=\frac{\frac{ab}{(a, b)}c}{([a, b], c)}\\&=\frac{abc}{(a, b)([a, b], c)}=\frac{abc}{((a, b)[a, b], (a, b)c)}\\&=\frac{abc}{(ab, (ac, bc))}=\frac{abc}{(ab, ac, bc)}.\end{aligned}$$

推论 若 a, b, c 两两互质,则 $[a, b, c] = abc$.

证明 $\because (a, b) = 1, (a, c) = 1, (b, c) = 1,$

$\therefore (ab, ac, bc) = ((ab, ac), bc) = (a(b, c), bc) = (a, bc) = (a, b) = 1,$

$\therefore abc = [a, b, c](ab, ac, bc) = [a, b, c].$

对比本上两节性质,理清相应类似点,有助于透彻理解、融会贯通.

本上两节相似定理或推论序号对应表

本节	1	2	3	4	5	6 推 1	6 推 2	6 推 3	7	9 推
上节	1	2	5	6	7	9	10 推 4	10	11	10 推 2

3. 最小公倍数的求法

根据最小公倍数的定义和性质,对照最大公因数的求法,可以得到几个求最小公倍数的方法.

(1) 分解质因数法.

根据定义和定理 3 可知,几个数的最小公倍数首先是这几个数的一个公倍数,其次,它又是这几个数的任意公倍数的因数.由此可以得到求几个数最小公倍数的分解质因数法,其步骤如下:

① 写出各数的标准分解式;

② 写出各分解式中所有的质因数及其最高次数,并把得到的幂连乘起来.

例 1 求$[735, 108, 24]$.

解 因为 $735 = 3 \times 5 \times 7^2$, $108 = 2^2 \times 3^3$, $24 = 2^3 \times 3$, 所以

$$[735, 108, 24] = 2^3 \times 3^3 \times 5 \times 7^2 = 52\,920.$$

(2) 提取公因数法.

根据定理 5、定理 6 推论和定理 8,求几个数的最小公倍数可以用提取公因数法,其步骤如下:

① 先提取这几个数的最大公因数(各商数互质但不一定两两互质);

② 在不互质的商数中提取公因数,其他商数照写下来,直到各商数两两互质为止;

③ 把提取的各数及各商数连乘起来.

例 2 求$[62, 48, 378]$.

解
$$\begin{aligned}[62, 48, 378] &= 2 \times [31, 24, 189] = 2 \times 3 \times [31, 8, 63] \\ &= 6 \times 31 \times 8 \times 63 = 93\,744.\end{aligned}$$

这一过程通常简写成下面的形式,叫作短除式:

$$\begin{array}{r|rrr} 2 & 62 & 48 & 378 \\ \hline 3 & 31 & 24 & 189 \\ \hline & 31 & 8 & 63 \end{array}$$

因为 31, 8, 63 两两互质,所以 $[62, 48, 378] = 2 \times 3 \times 31 \times 8 \times 63 = 93\,744$.

(3) 先求最大公因数法.

根据定理 6,通过 $[a, b](a, b) = ab$,先求 (a, b).

此法一般用于求公因数不明显的几个数的最小公倍数.

例 3　求 $[24\,871, 3\,468]$.

解　由辗转相除法求得 $(24\,871, 3\,468) = 17$,从而

$$[24\,871, 3\,468] = 24\,871 \times 3\,468 \div 17 = 5\,073\,684.$$

习题 1.6

1. 设 $a, b \in \mathbf{N}^*$,若 $a \mid b$,求证:$(a, b) = a$, $[a, b] = b$.

2. 设 $a, b \in \mathbf{N}^*$,若 $(a, b) = [a, b]$,求证:$a = b$.

3. 设 $a, b \in \mathbf{N}^*$, $a < b$,若 $(a, b) = 15$, $[a, b] = 180$,求 a, b.

4. 从 1 至 1 000 的正整数中,

(1) 能同时被 13 和 31 整除的有多少个?

(2) 不能同时被 13 和 31 整除的有多少个?

(3) 既不能被 13 整除,又不能被 31 整除的有多少个?

5. 若 a, b, c, d 两两互质,证明 $[a, b, c, d] = abcd$.

6. 分别用分解质因数法、提取质因数法和辗转相除法求

$$(360, 204), [360, 204].$$

7. 在一般算术理论书中,把异分母分数减法定义为

$$\frac{a}{b} - \frac{c}{d} = \frac{ad - bc}{bd},$$

如此是用已知数表示结果,但计算较麻烦.而在小学数学教科书中定义为:先通分,再按同分母分数减法计算,其实质为

$$\frac{a}{b} - \frac{c}{d} = \frac{ab' - cd'}{m}\left(\text{其中},[b, d] = m, \frac{m}{b} = b', \frac{m}{d} = d'\right).$$

试证明这两个法则的一致性.

8. 金星和地球在某一时刻相对于太阳处于某一确定位置.已知金星绕太阳一周为 225 日,地球绕太阳一周为 365 日,问这两个行星至少要经过多少日才同时回到原来位置?

9. 甲、乙、丙三人在环行跑道跑步,他们同时同地同向出发,经过 8 分钟三人第一次同时回到出发地,已知甲、乙、丙三人每分钟分别跑 120 米、180 米、150 米,求跑道长

(福州市1988年小学生“迎春杯”数学竞赛题).

10. 一个守财奴有面值分别是20元、50元、100元的三种纸币,他个人把玩数钱时,各种纸币都能平均分成张数相同的5份、4份、3份,问他手中至少有多少钱?

11. 求证:$[a, b, c][ab, bc, ca] = [a, b][b, c][c, a]$.

12. 求证:(1) $[(a, b), (a,c)] = (a, [b, c])$;

(2) $([a, b], [a, c]) = [a, (b, c)]$.

第7节　整值函数的整除性

本节讨论一个整值函数被一个整数整除的证明问题.此类问题从学科研究内容的角度看或许意义不大,但从培养未来教师数学思维能力的角度看则意义非凡.其证明方法灵活性大、综合性强,没有一般的方法和规律,只能根据具体问题采用适当方法.在此我们根据主要理论依据的不同,举例介绍几种证明手法.

所谓**整值函数**,指自变量取任意整数时,函数值都是整数的函数.

例如,$f(n) = 3n^2 + 7n - 8$, $f(n) = 8^n - 9^n$, $f(a, b) = a^2 - b^2$ 等都是整值函数.

当自变量取定一个具体数值时,下面我们给出的每一个具体题目,就能变化出一系列有趣的两个具体数值的整除性问题,也就是在前面介绍过的整除性问题,但这项工作留给读者自己完成.

1. 按除数除函数自变量所得余数分类

使用该方法时,注意分类要全,逐类讨论.

例1　差为2的一对质数叫作**孪生质数**.如3与5,11与13等(有人猜想:孪生质数有无穷多对.这一猜想与哥德巴赫猜想成为“姊妹问题”,也是世界数学难题之一).

有趣的是,《西安日报》2020年10月22日报道称,2020年2月,长安区58岁的电焊工人在杂志《缔客世界》发表文章《关于孪生素数的重大发现》,其中介绍他逐一验证、发现了目前已知的孪生素数的共同特性及规律:**除第一对以外,每对孪生素数之和都能被12整除**.

工人师傅的这种探索精神实在可嘉,但这只是一个简单的、早已流传的如下命题的特殊情况.

若 p 和 $p+2$ 均为大于3的质数,求证:$6 \mid (p+1)$.

证明　因为 p 为大于3的质数,这样的数被6除可分成两类:

$$6n \pm 1\ (n \in \mathbf{N}^*).$$

若 $p = 6n+1$,则 $p+2 = 6n+3 = 3(2n+1)$ 不是质数,所以 $p \neq 6n+1$,所以 $p = 6n-1$,则 $p+2 = 6n+1$ 可表示质数,此时,$p+1 = 6n$,所以

$$6 \mid (p+1).$$

例 2　设 a, b 均为整数,且 a, b 都不能被 2 和 3 整除,求证:

$$24 \mid (a^2-b^2).$$

分析　要证 $24 \mid (a^2-b^2)$,只须证 $3 \mid (a^2-b^2)$ 和 $8 \mid (a^2-b^2)$ 即可,这只要对 a, b 被 3 和 8 除所得余数进行讨论即可.

证明　$\because 3 \nmid a$, $\therefore$ 可设 $a=3n\pm 1$,则 $a^2=3N+1$;同理,$b^2=3M+1$,

$\therefore 3 \mid (a^2-b^2)$.

$\because 2 \nmid a$,$\therefore$ 可设 $a=8q\pm 1$ 或 $a=8q\pm 3$,则 $a^2=8Q+1$;同理,$b^2=8P+1$,

$\therefore 8 \mid (a^2-b^2)$.

$\because (3, 8)=1$, $\therefore 3\times 8=24 \mid (a^2-b^2)$.

例 2 的 a, b 取一些具体的整数对,看能得到什么结果. 如 a 取质数,b 取 1.

2. 利用因式分解公式

此处所言公式,主要指下列三个公式:

(1) 若 n 为正整数,则

$$a^n-b^n=(a-b)(a^{n-1}+a^{n-2}b+a^{n-3}b^2+\cdots+ab^{n-2}+b^{n-1}).$$

(2) 若 n 为正偶数,则

$$a^n-b^n=(a+b)(a^{n-1}-a^{n-2}b+a^{n-3}b^2-\cdots+ab^{n-2}-b^{n-1}).$$

(3) 若 n 为正奇数,则

$$a^n+b^n=(a+b)(a^{n-1}-a^{n-2}b+a^{n-3}b^2-\cdots-ab^{n-2}+b^{n-1}).$$

由此可以得到如下整除性判定定理.

定理 1　若 $a, b\in \mathbf{Z}$, $n\in \mathbf{N}^*$,则$(a-b) \mid (a^n-b^n)$,且

当 n 为正偶数时,$(a+b) \mid (a^n-b^n)$;

当 n 为正奇数时,$(a+b) \mid (a^n+b^n)$.

例 3　若 $n\in \mathbf{N}$,求证:$73 \mid f(n)=8^{n+2}+9^{2n+1}$.

分析　$f(n)$各项指数降为同次,增大其底数,使底数之和或差为除数 73 的倍数.

证明　$\because$
$$\begin{aligned} f(n) &= 64\times 8^n+9\times 81^n \\ &=(64\times 8^n+9\times 8^n)+(9\times 81^n-9\times 8^n) \\ &=73\times 8^n+9(81^n-8^n), \end{aligned}$$

由定理可知,

$$73 \mid (81^n-8^n),$$

$$\therefore 73 \mid f(n)=8^{n+2}+9^{2n+1}.$$

例 4　设 n 为正整数,k 为正奇数,求证:

$$(1+2+\cdots+n) \mid (1^k+2^k+\cdots+n^k).$$

证明 “倒项配对相加”可得

$$\begin{aligned}&2(1^k+2^k+\cdots+n^k)\\=&(1^k+n^k)+[2^k+(n-1)^k]+\cdots+(n^k+1^k),\end{aligned}$$

各项均可被 $n+1$ 整除,故 $(n+1) \mid 2(1^k+2^k+\cdots+n^k)$. 同理

$$\begin{aligned}&2(1^k+2^k+\cdots+n^k)\\=&[1^k+(n-1)^k]+[2^k+(n-2)^k]+\cdots+[(n-1)^k+1^k]+2n^k,\end{aligned}$$

各项均可被 n 整除,故 $n \mid 2(1^k+2^k+\cdots+n^k)$.

因为 $(n, n+1)=1$, 故

$$n(n+1) \mid 2(1^k+2^k+\cdots+n^k) \Rightarrow \frac{n(n+1)}{2} \mid (1^k+2^k+\cdots+n^k),$$

即

$$(1+2+\cdots+n) \mid (1^k+2^k+\cdots+n^k).$$

3. 利用组合数公式的推广结论

大家知道,从 n 个不同元素中取 r 个元素的组合的个数计算公式是:

$$\mathrm{C}_n^r=\frac{n(n-1)(n-2)\cdots(n-r+1)}{r!} \quad (n, r \in \mathbf{N}, 0 \leqslant r \leqslant n).$$

根据组合数的定义可知,这是整数.

这表明其分子连续 r 个整数之积 $n(n-1)(n-2)\cdots(n-r+1)$ 可被分母 $r!$ 整除.

而且,把条件放宽为 $n \in \mathbf{Z}$, $r \in \mathbf{N}$ 时,结论仍然成立.

我们以定理的形式给出来.

定理 2 $r! \mid n(n-1)(n-2)\cdots(n-r+1)$.

证明 (1) 当 $n \in \mathbf{N}$ 且 $0 \leqslant r \leqslant n$ 时,由组合数的意义可知结论成立;当 $n \in \mathbf{N}$ 且 $n<r$ 时,在 $n, n-1, n-2, \cdots, n-r+1$ 这连续 r 个整数中,开头的 n 非负,末尾的 $n-r+1$ 非正,故其中必有一个为 0,故其积为 0,当然有 $r! \mid 0$.

(2) 当 $n<0$ 时,设 $-n=m$,则

$$\begin{aligned}&\frac{n(n-1)(n-2)\cdots(n-r+1)}{r!}\\=&\frac{-m(-m-1)(-m-2)\cdots(-m-r+1)}{r!}\\=&(-1)^r\frac{m(m+1)(m+2)\cdots(m+r-1)}{r!}\\=&(-1)^r\frac{(m+r-1)(m+r)\cdots(m+1)m}{r!}\\=&(-1)^r\mathrm{C}_{m+r-1}^r.\end{aligned}$$

$\because m>0$，$\therefore m\geqslant 1$，$m+r-1\geqslant r$，C_{m+r-1}^{r} 是一个组合数，是整数，故 $(-1)^{r}C_{m+r-1}^{r}$ 是整数，故结论成立.

例如，$6=3!\mid 75\times 74\times 73$；$6=3!\mid 19\times 20\times 21$；

$24=4!\mid 8\times 7\times 6\times 5$；$4!\mid(-3)\times(-4)\times(-5)\times(-6)$.

可见，定理中的整数 n 可以任意取值，r 是连乘整数的个数.

例 5　求证：(1) $6\mid(n^{3}-n)$；(2) 若 n 为奇数，则 $8\mid(n^{2}-1)$.

证明　(1) $\because n^{3}-n=n(n^{2}-1)=(n-1)n(n+1)$，$\therefore 6\mid(n^{3}-n)$.

(2) 设 $n=2m+1(m\in\mathbf{Z})$，则 $n^{2}-1=(2m+1)^{2}-1=4m(m+1)$.

$\because 2\mid m(m+1)$，$\therefore 8\mid 4m(m+1)$，$8\mid(n^{2}-1)$.

例 6　求证：$30\mid(n^{5}-n)$.

证明

$$\begin{aligned}&n^{5}-n\\=&n(n^{4}-1)\\=&n(n^{2}-1)(n^{2}+1)\\=&n(n-1)(n+1)[(n^{2}-4)+5]\\=&(n-2)(n-1)n(n+1)(n+2)+5(n-1)n(n+1).\end{aligned}$$

$\because 5!=120\mid(n-2)(n-1)n(n+1)(n+2)$，

$3!=6\mid(n-1)n(n+1)$，$30\mid 5(n-1)n(n+1)$，

$\therefore 30\mid(n^{5}-n)$.

由 $30\mid(n^{5}-n)$ 可知，$10\mid(n^{5}-n)$. 这说明 10 除 n^{5} 与 10 除 n 所得余数相同，即 n^{5} 与 n 个位数字相同，由此可得，756^{5} 和 756 的末位数字都是 6. 进而从 n^{5} 与 n 指数差 4，可推广为 $10\mid(n^{4q+r}-n^{r})$ $(q,r\in\mathbf{N})$. 依此可求 19^{102} 的末位数字.

4. 利用数学归纳法

在中学大家已经知道，从理论上讲，数学归纳法可以用来证明、确认任何与自然数有关命题的真. 因此，它当然也可以用来证明这里的整除性问题. 在此，我们只给出两个应用第一数学归纳法的例子.

例 7　若 $n\in\mathbf{N}$，求证：$73\mid f(n)=8^{n+2}+9^{2n+1}$.

证明　(1) 当 $n=0$ 时，$73\mid f(0)=8^{0+2}+9^{2\times 0+1}=73$.

(2) 设 $n=k$ 时结论成立，即 $73\mid f(k)=8^{k+2}+9^{2k+1}$.

当 $n=k+1$ 时，

$$f(k+1)=8^{k+3}+9^{2k+3}=8(8^{k+2}+9^{2k+1})+73\times 9^{2k+1}.$$

由归纳假设 $73\mid f(k)=8^{k+2}+9^{2k+1}$ 可知，

$$73\mid[8(8^{k+2}+9^{2k+1})+73\times 9^{2k+1}]=f(k+1).$$

由步骤(1)和(2)可得 $73\mid f(n)=8^{n+2}+9^{2n+1}$.

例 8　若 $a\in\mathbf{Z}$，$n\in\mathbf{N}$，则 $(a^{2}+a+1)\mid f(n)=a^{n+2}+(a+1)^{2n+1}$.

证明 (1) 当 $n=0$ 时,$(a^2+a+1) \mid f(0)=a^2+(a+1)$.
(2) 设 $n=k$ 时结论成立,即$(a^2+a+1) \mid f(k)=a^{k+2}+(a+1)^{2k+1}$.
当 $n=k+1$ 时,

$$\begin{aligned} f(k+1) &= a^{k+3}+(a+1)^{2k+3} \\ &= a \cdot a^{k+2}+(a+1)^2 \cdot (a+1)^{2k+1} \\ &= a[a^{k+2}+(a+1)^{2k+1}]+(a^2+a+1)(a+1)^{2k+1}. \end{aligned}$$

由归纳假设 $(a^2+a+1) \mid f(k)=a^{k+2}+(a+1)^{2k+1}$ 可知,

$(a^2+a+1) \mid a[a^{k+2}+(a+1)^{2k+1}]+(a^2+a+1)(a+1)^{2k+1}=f(k+1)$.

由步骤(1)和(2)可得 $(a^2+a+1) \mid f(n)=a^{n+2}+(a+1)^{2n+1}$.

5. 利用递推公式

把整值函数式转化为递推公式,进而通过递推来判定一个整值函数被一个整数整除.

例 9 若 $n \in \mathbf{N}$,求证:$288 \mid (7^{2n+1}-48n-7)$.

证明 设 $f(n)=7^{2n+1}-48n-7$,则 $f(n-1)=7^{2n-1}-48n+41$,

$$f(n)-f(n-1)=48 \times (7^{2n-1}-1)=288m \quad (m \in \mathbf{Z}),$$
$$f(n)=f(n-1)+288m,$$
$$288 \mid f(n) \Leftrightarrow 288 \mid f(n-1).$$

$\because 288 \mid f(0)=0$,

$\therefore 288 \mid f(1),\ 288 \mid f(2),\ \cdots,\ 288 \mid f(n-1),\ 288 \mid f(n)$.

例 10 若 $n \in \mathbf{N}$,求证:$f(n)=\left(\frac{3+\sqrt{5}}{2}\right)^n+\left(\frac{3-\sqrt{5}}{2}\right)^n$ 是正整数.

证明 设 $a=\frac{3+\sqrt{5}}{2},\ b=\frac{3-\sqrt{5}}{2}$,则 $a+b=3,\ ab=1$.

由一元二次方程根与系数的关系可知,$a,\ b$ 是方程 $x^2-3x+1=0$ 的两个根,故

$$a^2=3a-1,\ b^2=3b-1,$$
$$a^n=a^2a^{n-2}=(3a-1)a^{n-2}=3a^{n-1}-a^{n-2};$$

同理,$b^n=3b^{n-1}-b^{n-2}$.故

$$a^n+b^n=3(a^{n-1}+b^{n-1})-(a^{n-2}+b^{n-2}),$$

即

$$f(n)=3f(n-1)-f(n-2) \quad (n \geqslant 2).$$

$\because f(0)=2,\ f(1)=3$ 是正整数,

$\therefore f(2)=3f(1)-f(0)$,

$f(3)=3f(2)-f(1)$,

……

$f(n)=3f(n-1)-f(n-2) \quad (n \geqslant 2)$

都是正整数.

6. 利用费马(Fermat)小定理

定理 3　(费马小定理)设 p 为质数,n 为整数,若 $(p, n)=1$,则 $p \mid (n^{p-1}-1)$.

证法步骤分析:

(1) 欲证 $p \mid (n^{p-1}-1)$,退一步,当$(p, m)=1$时,须证

$$p \mid m(n^{p-1}-1).$$

若 $m(n^{p-1}-1)=mn^{p-1}-m=pq$,则 $mn^{p-1}=pq+m$.

(2) n^{p-1} 是 $p-1$ 个 n 之积,欲证上式,猜想可能需要 $p-1$ 个 n 的倍数相乘,而倍数之积为 m 且满足$(p, m)=1$,这又需要各倍数与 p 互质,$p-1$ 个与 p 互质之数当然首试 $1, 2, \cdots, p-1$.

(3) 考察 n 的 $1, 2, \cdots, p-1$ 倍被 p 除的结果:

$$\begin{aligned}
n &= pq_1+r_1 \quad (0<r_1<p),\\
2n &= pq_2+r_2 \quad (0<r_2<p),\\
3n &= pq_3+r_3 \quad (0<r_3<p),\\
&\cdots\cdots\\
(p-1)n &= pq_{p-1}+r_{p-1} \quad (0<r_{p-1}<p).
\end{aligned}$$

这 $p-1$ 个式子两边分别相乘:

$$1\times2\times3\times\cdots\times(p-1)n^{p-1}=pQ+R(\text{其中 } R=r_1r_2r_3\cdots r_{p-1}),$$

而 $r_1, r_2, r_3, \cdots, r_{p-1}$ 中每一个都大于 0 且小于 p,又它们中任意两个不等(可反证),所以 $r_1r_2r_3\cdots r_{p-1}=1\times2\times3\times\cdots\times(p-1)$,取 $m=R$, $q=Q$,即可得到步骤(1) 需要的结果:$mn^{p-1}=pq+m$.

请读者自己试写出该定理的证明过程,该定理我们还将在下一章从另一个角度给出证明和应用.

例 11　若 $(n, 168)=1$,则 $168 \mid (n^6-1)$.

证明　$\because 168=3\times7\times8$, $(n, 168)=1$,

$\therefore (n, 3)=1$, $(n, 7)=1$, $(n, 8)=1$,

$$3 \mid (n^2-1),\ 3 \mid (n^2-1)(n^4+n^2+1)=n^6-1,\ 7 \mid (n^6-1).$$

$\because (n, 8)=1$, $\therefore n$ 为奇数,

$$8 \mid (n^2-1),\ 8 \mid (n^2-1)(n^4+n^2+1)=n^6-1.$$

$\because 3, 7, 8$ 两两互质,$\therefore 3\times7\times8=168 \mid (n^6-1)$.

例 12　设 $n, m \in \mathbf{Z}$,若$(5, n)=1$, $(5, m)=1$,则 $5 \mid (n^4-m^4)$.

证明　$\because (5, n)=1$, $(5, m)=1$,

$\therefore 5 \mid (n^4-1)$, $5 \mid (m^4-1)$,

$$5 \mid [(n^4-1)-(m^4-1)] = n^4-m^4.$$

由例12和定理3不难得到如下推论.

推论1 设 p 为质数, $n, m \in \mathbf{Z}$, 若 $(p, n)=1$, $(p, m)=1$, 则 $p \mid (n^{p-1}-m^{p-1})$(读者自证).

由定理3不难得到下面的推论.

推论2 设 p 为质数, $n \in \mathbf{Z}$,则 $p \mid (n^p-n)$.

证明 (1) 当 $(p, n)=1$ 时, $p \mid (n^{p-1}-1)$,故 $p \mid (n^{p-1}-1)n = n^p-n$.

(2) 当 $(p, n) \neq 1$ 时, $p \mid n$,故 $p \mid n(n^{p-1}-1)=n^p-n$.

总之, $p \mid (n^p-n)$.

例13 设 p 为大于3的质数, $a \in \mathbf{Z}$,则 $6p \mid (a^p-a)$.

证明 由已知和推论2可得 $p \mid (a^p-a)$.

$\because p$ 为大于3的质数, $\therefore p$ 为奇数.

设 $p-1=2m(m \in \mathbf{Z})$,则

$$\begin{aligned} a^p-a &= a(a^{p-1}-1) = a(a^{2m}-1) \\ &= a[(a^2)^m-1] = a(a^2-1)(a^{2m-2}+a^{2m-4}+\cdots+1). \end{aligned}$$

$\because 6 \mid a(a^2-1)$,

$\therefore 6 \mid a(a^2-1)(a^{2m-2}+a^{2m-4}+\cdots+1) = a^p-a$.

$\because p$ 为大于3的质数, $\therefore (p, 6)=1$.

$\therefore 6p \mid (a^p-a)$.

有时,我们需要综合运用上述方法中的几种.

例14 若相邻三整数的中间一个是完全立方数,则它们的积可被504整除.

证明 设这三个整数依次为 n^3-1, n^3, $n^3+1(n \in \mathbf{Z})$,则其积为

$$f(n)=(n^3-1)n^3(n^3+1),$$

$504=7\times8\times9$,且7, 8, 9两两互质.

$\because 7 \mid (n^7-n)$, $\therefore 7 \mid (n^7-n)n^2=f(n)$.

$\because f(n)=n^3(n^6-1)=n^3(n^2-1)(n^4+n^2+1)$, 当 n 为偶数时, $8 \mid n^3$, $\therefore 8 \mid f(n)$;当 n 奇数时, $8 \mid (n^2-1)$, $\therefore 8 \mid f(n)$. 总之, $8 \mid f(n)$.

$\because f(n)=(n^3-1)n^3(n^3+1)$, 当 $n=3m(m \in \mathbf{Z})$ 时, $9 \mid n^3$, $\therefore 9 \mid n^3(n^3-1)(n^3+1) = f(n)$; 当 $n=3m\pm1$ 时, $n^3=27m^3\pm27m^2+9m\pm1$, $\therefore 9 \mid (n^3\pm1)$, $\therefore 9 \mid f(n)$.

$\because$ 7, 8, 9两两互质, $\therefore 7\times8\times9=504 \mid f(n)$.

习题1.7

1. 设 n, m 为整数,求证: $n+m$, $n-m$, nm 中必有一个是3的倍数.

2. 设 $a, b, c, d \in \mathbf{Z}$ 且 $a < b < c < d$,求证:

$$12 \mid (b-a)(c-a)(d-a)(c-b)(d-b)(d-c).$$

3. 设 $n \in \mathbf{N}$,求证:$576 \mid (5^{2n+2} - 24n - 25)$.

4. 设 $n \in \mathbf{N}$,求证:$8 \mid n(n+1)(3^{2n+1} + 1)$.

5. 设 $m \in \mathbf{N}$,求证:$24 \mid m(m-1)(m-2)(3m-5)$.

6. 设 $n \in \mathbf{N}$,求证:$6 \mid n(2n+1)(7n+1)$.

7. 设 $n \in \mathbf{N}$,求证:$9 \mid (3n+1) \times 7^n - 1$.

8. 设 $n \in \mathbf{N}$,求证:$f(n) = \frac{1}{\sqrt{5}}\left[\left(\frac{1+\sqrt{5}}{2}\right)^{n+1} - \left(\frac{1-\sqrt{5}}{2}\right)^{n+1}\right]$是整值函数.

9. 设 p 为大于 5 的质数,求证:$240 \mid (p^4 - 1)$.

10. 若 $(a, 260) = (b, 260) = 1$,证明 $260 \mid (a^{12} - b^{12})$.

11. 设 $a, b \in \mathbf{Z}$,求证:$42 \mid ab(a^6 - b^6)$.

12. 用数学归纳法证明第 4, 6, 8 题.

第 8 节　正整数的正因数个数与总和

引例　在一间房子里有编号为 1～100 的 100 盏电灯,每盏配有一个开关,开始灯全灭着,现有 100 个人依次进屋,第 k 个人把编号是 k 的倍数的灯的开关各拉一次,这样操作完之后,哪些编号的灯亮着?

解决这个问题,须讨论各灯编号的因数个数的奇偶性.

1. 正整数正因数的个数

如何求一个正整数的正因数的个数呢?

设 n 为正整数,n 的正因数最小为 1,最大为 n,因此 n 的正因数个数有限,为了叙述方便,我们把正整数 n 的正因数个数记作 $d(n)$.

例如:$d(1) = 1$, $d(3) = 2$, $d(8) = 4$, $d(12) = 6$.

从理论上讲,求 $d(n)$ 只要把 n 的正因数全部找出来数一数即可,但实际上这往往行不通,如求 $d(540)$ 就很麻烦. 所以,我们应该找到一个可行的算法. 下面以求 $d(540)$ 为例,寻找规律和算法.

$$540 = 2^2 \times 3^3 \times 5,\text{其正因数必形如 } n = 2^\alpha \times 3^\beta \times 5^\gamma.$$

其中,α 可取 0, 1, 2 三个数之一;β 可取 0, 1, 2, 3 四个数之一;γ 可取 0, 1 两个数之一.

α, β, γ 各选定一个允许值,构成一个组合,代入 n 即可得到 540 的一个正因数,这

样的搭配组合共有 $3\times4\times2=24$ 个,这说明540的正因数个数是24.故 $d(540)=24$.

一般地,我们有如下定理.

定理1 设正整数 n 的标准分解式为 $n=p_1^{\alpha_1}p_2^{\alpha_2}\cdots p_m^{\alpha_m}$,则

$$d(n)=(\alpha_1+1)(\alpha_2+1)\cdots(\alpha_m+1).$$

证明 n 的正因数必形如 $k=p_1^{\beta_1}p_2^{\beta_2}\cdots p_m^{\beta_m}$,其中:

β_1 可取0至 α_1 这 α_1+1 个数之一,共有 α_1+1 种取法;

β_2 可取0至 α_2 这 α_2+1 个数之一,共有 α_2+1 种取法;

……

β_m 可取0至 α_m 这 α_m+1 个数之一,共有 α_m+1 种取法.

故 β_1, β_2, $\cdots$, β_m 选定一种取法,构成一个组合,就确定一个正因数.

这样的组合的个数为 $(\alpha_1+1)(\alpha_2+1)\cdots(\alpha_m+1)$,故

$$d(n)=(\alpha_1+1)(\alpha_2+1)\cdots(\alpha_m+1).$$

例1 求 $d(12\,000)$.

解 因为 $12\,000=2^5\times3\times5^3$,所以 $d(12\,000)=(5+1)(1+1)(3+1)=48$.

例2 设 $n=p^{\alpha}q^{\beta}$(p, q 为互异质数,$\alpha\geqslant1$, $\beta\geqslant1$),若 n^2 有15个正因数,问 n^7 有多少个正因数?

解 $\because n^2=p^{2\alpha}q^{2\beta}$, $\therefore d(n^2)=(2\alpha+1)(2\beta+1)=15=3\times5$.不妨设 $\beta\geqslant\alpha$,则 $2\alpha+1=3$, $2\beta+1=5$, $\therefore \alpha=1$, $\beta=2$.

$\therefore n=pq^2\Rightarrow n^7=p^7q^{14}$, $d(n^7)=(7+1)(14+1)=8\times15=120$.

故 n^7 共有120个正因数.

例3 有一个小于2 000的四位数,它恰有14个正因数,其中有一个质因数末位数字是1,求这个四位数(1984年上海初中竞赛题).

解 设 n 为所求,则 $d(n)=14\times1=7\times2$.

若 $d(n)=14\times1$,则 $n=p^{13}$,而 $11^{13}>2\,000$,故此时无解.

若 $d(n)=7\times2$,则 $n=p^6q$,其中 p, q 为不同质数.

$\because 11^6\times2>2\,000$, $2^6\times11=704$ 不是四位数,$\therefore$ 该组不可取.

$\because 2^6\times31=1\,984$, $2^6\times41>2\,000$, $3^6\times11=8\,019$, $\therefore$ 只有1 984合题意.故这个四位数是1 984.

定理2 正整数 n 为完全平方数 $\Leftrightarrow d(n)$ 为奇数.

证明 必要性.

设 $n=(p_1^{\alpha_1}p_2^{\alpha_2}\cdots p_m^{\alpha_m})^2$($p_1^{\alpha_1}p_2^{\alpha_2}\cdots p_m^{\alpha_m}$ 为标准分解式),则

$$n=p_1^{2\alpha_1}p_2^{2\alpha_2}\cdots p_m^{2\alpha_m},$$

故 $d(n)=(2\alpha_1+1)(2\alpha_2+1)\cdots(2\alpha_m+1)$.

$\because 2\alpha_1+1$, $2\alpha_2+1$, $\cdots$, $2\alpha_m+1$ 均为奇数,

$\therefore d(n)=(2\alpha_1+1)(2\alpha_2+1)\cdots(2\alpha_m+1)$ 为奇数.

充分性.

设 $n=p_1^{\alpha_1}p_2^{\alpha_2}\cdots p_m^{\alpha_m}$ 且为标准分解式,则

$$d(n)=(\alpha_1+1)(\alpha_2+1)\cdots(\alpha_m+1).$$

$\because$ $d(n)$为奇数,$\therefore$ $\alpha_1+1,\ \alpha_2+1,\ \cdots,\ \alpha_m+1$ 均为奇数,

$\therefore$ $\alpha_1,\ \alpha_2,\ \cdots,\ \alpha_m$ 均为偶数.

设 $\alpha_1=2\beta_1,\ \alpha_2=2\beta_2,\ \cdots,\ \alpha_m=2\beta_m$,则

$$n=p_1^{2\beta_1}p_2^{2\beta_2}\cdots p_m^{2\beta_m}=(p_1^{\beta_1}p_2^{\beta_2}\cdots p_m^{\beta_m})^2,$$

故 n 为完全平方数.

该定理可用来分析解决本节的引例：一盏灯的开关被拉几次取决于其编号数的正因数的个数,这盏灯是否亮取决于其开关被拉次数的奇偶性.当一盏灯的编号数的正因数个数是奇数时,它就亮;否则,它就灭.由定理 2 可知,亮灯的编号数必为完全平方数,即第 $1^2,\ 2^2,\ 3^2,\ \cdots,\ 10^2$ 号灯亮,其余都灭.

当然,该定理的价值远不止于此,它主要用来判定一个数是否是完全平方数,进而解决其他问题,如求完全平方数的正因数倒数之和.

定理 3　正整数 n 的所有不同正因数之积等于 $n^{d(n)/2}$.

证明　设 n 的所有不同正因数为 $n_1,\ n_2,\ \cdots,\ n_{d(n)}$.

$\because$ $n_k\mid n$,$\therefore$ 存在正整数 m_k,使 $n=n_km_k[k=1,\ 2,\ \cdots,\ d(n)]$,

$\therefore$ $m_k\mid n$,即 m_k 是 n 的正因数,$\therefore$ m_k 是 $n_1,\ n_2,\ \cdots,\ n_{d(n)}$ 之一.

$\therefore$ $m_1,\ m_2,\ \cdots,\ m_{d(n)}$ 是 $n_1,\ n_2,\ \cdots,\ n_{d(n)}$ 重新排序的一个结果,

$\therefore$ $n_1n_2\cdots n_{d(n)}=m_1m_2\cdots m_{d(n)}=\dfrac{n}{n_1}\dfrac{n}{n_2}\cdots\dfrac{n}{n_{d(n)}}=\dfrac{n^{d(n)}}{n_1n_2\cdots n_{d(n)}}$,

$\therefore$ $(n_1n_2\cdots n_{d(n)})^2=n^{d(n)}$,$\therefore$ $n_1n_2\cdots n_{d(n)}=n^{d(n)/2}$.

即正整数 n 的所有不同正因数之积等于 $n^{d(n)/2}$.

2. 正整数正因数的和

正整数 n 的所有不同正因数之和记作 $S(n)$,下面我们按 n 含有的质因数的个数来讨论.

(1) 当 n 只含有一个质因数时.

例如,16 的不同正因数有 $1,\ 2,\ 2^2,\ 2^3,\ 2^4$,其和为

$$S(16)=1+2+2^2+2^3+2^4=\frac{2^5-1}{2-1}.$$

若 $n=p^m$,则 $S(n)=p^0+p^1+p^2+\cdots+p^m=\dfrac{p^{m+1}-1}{p-1}$.

(2) 当 n 只含有两个质因数时.

例如,$72=2^3\times 3^2$,其正因数有

$$\begin{array}{cccc} 1 & 2 & 2^2 & 2^3 \\ 3 & 3\times 2 & 3\times 2^2 & 3\times 2^3 \\ 3^2 & 3^2\times 2 & 3^2\times 2^2 & 3^2\times 2^3 \end{array}$$

求其和可先求各行(或列)之和,然后再把各行(或列)之和相加.故

$$\begin{aligned} S(72) &= (1+2+2^2+2^3)+(3+3\times 2+3\times 2^2+3\times 2^3) \\ &\quad +(3^2+3^2\times 2+3^2\times 2^2+3^2\times 2^3) \\ &= (1+2+2^2+2^3)(1+3+3^2) \\ &= \frac{2^4-1}{2-1}\times\frac{3^3-1}{3-1}. \end{aligned}$$

若 $n=p^m q^k$(p, q 是互异质数;m, k 为正整数),则

$$S(n)=(1+p^1+\cdots+p^m)(1+q^1+\cdots+q^k)=\frac{p^{m+1}-1}{p-1}\times\frac{q^{k+1}-1}{q-1}.$$

一般地,若 $n=p_1^{\alpha_1}p_2^{\alpha_2}\cdots p_m^{\alpha_m}$($p_1$, p_2, $\cdots$, p_m 是互异质数,α_1, α_2, $\cdots$, α_m 为正整数),则由上述过程不难猜想:

$$S(n)=(1+p_1^1+\cdots+p_1^{\alpha_1})(1+p_2^1+\cdots+p_2^{\alpha_2})\cdots(1+p_m^1+\cdots+p_m^{\alpha_m}).$$

下面试证这个结论.

猜想式中在每个括号内任取一项相乘,其积必形如 $p_1^{\beta_1}p_2^{\beta_2}\cdots p_m^{\beta_m}$(其中 $0\leqslant\beta_k\leqslant\alpha_k$, $k=1, 2, \cdots$),这样的积共有多少个呢?

第 k 个括号内任取一项,有 α_k+1 种取法($k=1, 2, \cdots, m$),故 k 个括号内各任取一项,有 $(\alpha_1+1)(\alpha_2+1)\cdots(\alpha_m+1)=d(n)$ 种取法,即共有 $d(n)$ 个这样的积.

由第4节定理5(算术基本定理)推论可知,每个这样的积都是 n 的一个正因数,反之,n 的任一正因数必是这样的积中的一个,故所有这样的积作成的和就是 n 的所有正因数之和 $S(n)$.即

$$(1+p_1^1+\cdots+p_1^{\alpha_1})(1+p_2^1+\cdots+p_2^{\alpha_2})\cdots(1+p_m^1+\cdots+p_m^{\alpha_m})=S(n).$$

这说明我们的猜想是正确的,从而得到了如下定理.

定理4 设正整数 $n=p_1^{\alpha_1}p_2^{\alpha_2}\cdots p_m^{\alpha_m}$($p_1$, p_2, $\cdots$, p_m 是互异质数,α_1, α_2, $\cdots$, α_m 为正整数),则

$$\begin{aligned} S(n) &= (1+p_1^1+\cdots+p_1^{\alpha_1})(1+p_2^1+\cdots+p_2^{\alpha_2})\cdots(1+p_m^1+\cdots+p_m^{\alpha_m}) \\ &= \frac{p_1^{\alpha_1+1}-1}{p_1-1}\times\frac{p_2^{\alpha_2+1}-1}{p_2-1}\times\cdots\times\frac{p_m^{\alpha_m+1}-1}{p_m-1}. \end{aligned}$$

例4 求 $S(540)$.

解 $540=2^2\times 3^3\times 5$,故 $S(540)=\dfrac{2^3-1}{2-1}\times\dfrac{3^4-1}{3-1}\times\dfrac{5^2-1}{5-1}=1\,680$.

例 5　求形如 2^k3^m 的正整数，使其所有正因数之和为 403.

解　由题意得 $S(2^k3^m)=\frac{2^{k+1}-1}{2-1}\times\frac{3^{m+1}-1}{3-1}=1\times 403=13\times 31.$

有如下四种可能情形：

$$\begin{cases}\frac{2^{k+1}-1}{2-1}=1,\\ \frac{3^{m+1}-1}{3-1}=403;\end{cases}\qquad\begin{cases}\frac{2^{k+1}-1}{2-1}=403,\\ \frac{3^{m+1}-1}{3-1}=1;\end{cases}$$

$$\begin{cases}\frac{2^{k+1}-1}{2-1}=13,\\ \frac{3^{m+1}-1}{3-1}=31;\end{cases}\qquad\begin{cases}\frac{2^{k+1}-1}{2-1}=31,\\ \frac{3^{m+1}-1}{3-1}=13.\end{cases}$$

上述四种情形只有最后一组有正整数解 $k=4$, $m=2$，故只有 $2^4\times 3^2=144$ 的所有正因数之和为 403.

例 6　求 201 所有正因数的倒数之和.

解　$\because$ $201=3\times 67$，$\therefore$ $d(201)=(1+1)\times(1+1)=4$，写出 4 个因数 1，3，67，201 的倒数再相加即可得到答案.

但当正因数的个数比较大时，例如把 201 换为 720 或 144，用上面的方法就太麻烦了. 下面我们介绍通用的一般性方法.

$$S(201)=(1+3)\times(1+67)=272.$$

设 201 的 4 个正因数分别为 x_1，x_2，x_3，x_4，可按乘积等于 201 分为 2 组，不妨设 $x_1x_2=x_3x_4=201$，则

$$\begin{aligned}\frac{1}{x_1}+\frac{1}{x_2}+\frac{1}{x_3}+\frac{1}{x_4}&=\left(\frac{1}{x_1}+\frac{1}{x_2}\right)+\left(\frac{1}{x_3}+\frac{1}{x_4}\right)\\&=\frac{x_1+x_2}{x_1x_2}+\frac{x_3+x_4}{x_3x_4}=\frac{x_1+x_2+x_3+x_4}{201}=\frac{272}{201}.\end{aligned}$$

可见，结果的分母为原数本身，而其分子恰为其正因数之和.

一般地，有下面的定理.

定理 5　正整数 n 的正因数的倒数之和为 $\frac{S(n)}{n}$.

证明　设 n 的所有正因数为 n_1，n_2，…，n_k，则 $\frac{n}{n_1}$，$\frac{n}{n_2}$，…，$\frac{n}{n_k}$ 也恰是 n 的所有正因数，这些正因数的倒数之和当然相等. 即

$$\frac{1}{n_1}+\frac{1}{n_2}+\cdots+\frac{1}{n_k}=\frac{n_1}{n}+\frac{n_2}{n}+\cdots+\frac{n_k}{n}=\frac{n_1+n_2+\cdots+n_k}{n}=\frac{S(n)}{n}.$$

3. 完全数、梅森数、亲和数

古希腊哲学家按照一个正整数的所有正因数之和小于、等于和大于其本身,把正整数分为**亏缺数**、**完全数**和**过剩数**三类. 而且,认为完全数是最完美的数.

定义1 若正整数 n 等于所有小于 n 的正因数之和,则称 n 为**完全数**.

例如,6, 28, 496, 8 128 都是完全数.

由定义易知,正整数 n 是完全数 $\Leftrightarrow S(n)=2n$.

欧几里得给出了求偶完全数的公式如下.

定理6 设 p 为质数,若 2^p-1 为质数,则 $2^{p-1}(2^p-1)$ 为完全数.

证明 设 $n=2^{p-1}(2^p-1)$, 2^p-1 为质数,则 $S(2^p-1)=2^p$.

$\because (2^{p-1},\ 2^p-1)=1$, $\therefore$ 由本节习题第3题的结论可知,

$$S(n)=S(2^{p-1})S(2^p-1)=(2^p-1)2^p=2n.$$

$\therefore 2^{p-1}(2^p-1)$ 为完全数.

形如 2^p-1(p 为质数)的数叫作**梅森(Mersenne)数**,显然,并不是所有梅森数都是质数. 如 $M_{11}=2^{11}-1=2\,047=23\times 89$ 就是合数. 当梅森数是质数时,叫作**梅森质数**.

上述定理说明若有一个梅森质数 2^p-1(其中 p 为质数),就会得到一个形如 $2^{p-1}(2^p-1)$ 的完全数,而且,该类型完全数为偶完全数.

截至目前,人们共发现了51个梅森质数(详见第二章末拓展阅读),因而也就得到了51个偶完全数.

是否还存在其他形式的偶完全数呢? 欧拉证明了"一个数如果是偶完全数,必形如 $2^{p-1}(2^p-1)$,其中 p 和 2^p-1 均为质数".

如此说来,由定理6得到的完全数就是全部偶完全数. 至于是否存在奇完全数仍是未解之谜.

定义2 在两个正整数中,若一个数除它自身外的所有正因数之和恰好等于另一个数,则称这两个正整数为一对互友数或亲和数.

如220与284, 1 184与1 210是两对亲和数.

由定义2知,当且仅当 $S(n)=S(m)=n+m$ 时,n 与 m 是一对互友数.

请大家自己验证2 620与2 924是一对互友数吗? 你的年龄和你父亲的年龄是一对互友数吗?

对完全数与互友数感兴趣的读者,可阅读本书末所列参考书9.

习题1.8

1. 对大于1的正整数 a,若 $d(a)=2$,问 a 是质数还是合数?
2. 对正整数 a,若 $d(a)=8$,问 a 的最小值是什么?
3. 设 $(n,\ m)=1$,求证:

$$d(nm)=d(n)d(m)；S(nm)=S(n)S(m).$$

4. 求 $d(750\,750)$，$S(750\,750)$；$d(30^4)$，$S(30^4)$.

5. 求不大于 200 且恰有 15 个正因数的正整数.

6. 若 $a=69^5+5\times69^4+10\times69^3+10\times69^2+5\times69+1$，求 $d(a)$.

7. 5 020 与 5 564，6 232 与 6 368 都是互友数吗？

8. 求所有正因数之和等于 12 的正整数.

9. 分别求 1 998，720 和 144 各自的所有正因数的倒数之和.

10. 求四个不超过 70 000 的正整数，使每一个的正因数个数都大于 100.

自测题 1

1. 选择题(24 分，每小题 3 分).

(1) 下列二进制数与十进制数互化正确的一个是　　(　　)

A. $10_{(2)}=3$；　　B. $111_{(2)}=5$；

C. $31=1\,111_{(2)}$；　　D. $31=11\,111_{(2)}$.

(2) 下列说法正确的一个是　　(　　)

A. 自然数集对减法运算封闭；　　B. 自然数集对除法运算封闭；

C. 整数集对减法运算封闭；　　D. 整数集对除法运算封闭.

(3) 下列说法错误的一个是　　(　　)

A. 数 5 不能被 4 整除；　　B. 数 5 不能被 4 除尽；

C. 数 0 能被任何非零整数整除；　　D. 数 1 能整除任何整数.

(4) 若 $(a, b)=1$，$n\in\mathbf{N}^*$，则下列结论错误的一个是　　(　　)

A. $(a^n, b)=1$；　　B. $(a, b^n)=1$；

C. $(a^n, b^n)=1$；　　D. 以上都不对.

(5) 若 $(a, b)=1$，$n\in\mathbf{N}^*$，则下列等式成立的一个是　　(　　)

A. $[a, b]=ab$；　　B. $[a^n, b]=ab$；

C. $[a, b^n]=ab$；　　D. $[a^n, b^n]=ab$.

(6) 把 450 分解质因数写成标准分解式，其结果为　　(　　)

A. $450=2\times9\times25$；　　B. $450=2\times3^2\times5^2$；

C. $450=3^2\times2\times5^2$；　　D. $450=3^2\times5^2\times2$.

(7) 下列计算结果错误的一个是　　(　　)

A. $(36, 108)=36$；　　B. $[36, 108]=108$；

C. $d(36)=9$；　　D. $S(36)=182$.

(8) 下列计算结果正确的一个是　　(　　)

A. $[-3.6]=-3$；　　B. $[3.6]=3$；

C. $[\sqrt{2}] = 2$;　　　　　　　　　　D. $[\pi] \approx 3.14$.

2. 填空题(32 分,每空 2 分).

(1) “半斤八两”的含义是(　　),照此说来,(　　)两是一斤. 这是(　　)进位制,这种进位制的底数是(　　).

(2) 符号列 §□◎○¥§□◎○¥§□◎○¥…中第 33 个符号是(　　).

(3) 在 100 至 200 之间有(　　)个质数,它们是(　　).

(4) 若 $(21, 6) = 21s + 6t$,则使其成立的一对数 $s =$ (　　), $t =$ (　　).

(5) $d(300) =$ (　　), $S(300) =$ (　　).

(6) 幂 19^{102} 末位数字是(　　).

(7) $2^{12} - 1$ 有(　　)个正因数,其中有(　　)个两位数.

(8) $(36, 108, 204) =$ (　　); $[36, 108, 204] =$ (　　).

3. 证明题(15 分,每小题 5 分).

(1) $(a, b + ka) = (a, b)$　$(a, b, k \in \mathbf{N}^*)$.

(2) 若大于 3 的三个质数成等差数列,则其公差是 6 的倍数.

(3) 当 $(a, b) = 1$ 时, $\frac{a}{b}$ 叫作**既约分数**或**最简分数**.

设 $\frac{a}{b}$, $\frac{c}{d}$ 均为既约分数,若 $(b, d) = 1$,则 $\frac{ad + bc}{bd}$ 为既约分数.

4. 计算题(21 分,每小题 7 分).

(1) 求在 80 至 200 之间相差 60 且最大公约数为 15 的两个整数.

(2) 求 7 在 2 000! 中最高次幂的指数.

(3) 求 36 的正因数的倒数之和.

5. 应用题(8 分).

某种商品半月销售总额为 1 995 百元,第 1 天销售了 35 件,其后 14 天每天销售的件数相同且大于 30 而不超过 45. 如果每件销售的价格相同且为整百元数,求每件售价的百元数.

研究题 1

1. 设 $b = 10x + y$(y 是 b 的末位数字, x 为 b 割掉 y 所得数),求证:

(1) $9 \mid b \Leftrightarrow 9 \mid (x + y)$;

(2) $19 \mid b \Leftrightarrow 19 \mid (x + 2y)$;

(3) $29 \mid b \Leftrightarrow 29 \mid (x + 3y)$.

由此可归纳得到除数末位是 9 的整除数的**割尾判别法**. 试推广并证明你的结论. 还能类似地得到末位数字是 1, 3, 7 的整除判别法吗?

2. 1934 年东印度(现孟加拉国)学者桑达拉姆(Sundaram)发明了一种判定质数与

合数的方法,他先给出一个正方形数表(称为桑达拉姆数表):

4	7	10	13	16	19	…
7	12	17	22	27	32	…
10	17	24	31	38	45	…
13	22	31	40	49	58	…
16	27	38	49	60	71	…
19	32	45	58	71	84	…
…	…	…	…	…	…	…

判定方法:除唯一且最小的偶质数 2 以外,把要判定的大于 1 的奇数减 1 再除以 2,看所得结果是否在表中,若在表中,则这个奇数是合数,否则是质数.

请先举例说明其正确性,然后从理论上证明其正确性.

3. 把数 1, 3, 5, 7, 9, 11, 13 填入下图的七个空中,使各圆圈里的四个数之和都相等(1997 年人教版六年制小学教科书《数学》第四册 P88 思考题),共有多少种不同填法?

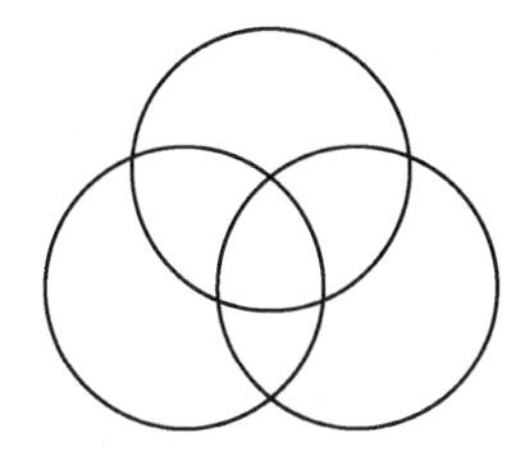

拓展阅读 1

巧妙的欧拉算法

求贝祖等式 $(a, b) = as + bt$ 中线性组合系数 s 和 t 的方法,除了可以用来表 a 与 b 的最大公因数 (a, b) 为 a 与 b 的线性组合之外,还可以用来求解与之等价的一元一次同余方程、二元一次不定方程、连分数的渐近分数等问题.

关于求 s, t 的方法,在常见的初等数论书中,大多直接给出并证明结论:

$$s = (-1)^{n-1}Q_n,\ t = (-1)^n P_n,$$

其中 Q_n, P_n 由下面递推公式得到:

$$Q_0 = 0,\ Q_1 = 1,\ Q_k = q_k Q_{k-1} + Q_{k-2};$$
$$P_0 = 1,\ P_1 = q_1,\ P_k = q_k P_{k-1} + P_{k-2} \quad (k = 2, 3, \cdots, n).$$

$q_1, q_2, \cdots, q_n, q_{n+1}$ 是 a 与 b 辗转相除第 $n+1$ 次恰好除尽时,依次得到的 $n+1$ 个商.

这既没指明 Q_k, P_k 的关系,也没体现探索和寻找 s, t 的方法过程. 在此我们给出简明的**探索和证明**过程,进而给出巧妙的欧拉算法.

1. 探寻 s, t

设 $a, b \in \mathbf{N}$, $a > b > 1$,辗转相除得

$$
\begin{aligned}
a &= bq_1 + r_1 \quad (0 < r_1 < b), \\
b &= r_1 q_2 + r_2 \quad (0 < r_2 < r_1), \\
r_1 &= r_2 q_3 + r_3 \quad (0 < r_3 < r_2), \\
&\cdots\cdots \\
r_{k-2} &= r_{k-1} q_k + r_k \quad (0 < r_k < r_{k-1}), \\
r_{k-1} &= r_k q_{k+1} + r_{k+1} \quad (0 < r_{k+1} < r_k), \\
&\cdots\cdots \\
r_{n-3} &= r_{n-2} q_{n-1} + r_{n-1} \quad (0 < r_{n-1} < r_{n-2}), \\
r_{n-2} &= r_{n-1} q_n + r_n \quad (0 < r_n < r_{n-1}), \\
r_{n-1} &= r_n q_{n+1},
\end{aligned}
$$

则 $(a, b) = (b, r_1) = (r_1, r_2) = \cdots = (r_{n-1}, r_n) = r_n$.

下面找 r_n 表为 r_k, r_{k-1} 的线性组合式.

由上述 $n+1$ 个除法算式的倒数第二式可得 $r_n = (-q_n)r_{n-1} + r_{n-2}$,这是 r_{n-1}, r_{n-2} 的线性组合.

由倒数第三式得 $r_{n-1} = (-q_{n-1})r_{n-2} + r_{n-3}$,代入上式又可得

$$r_n = [1 + (-q_n)(-q_{n-1})]r_{n-2} + (-q_n)r_{n-3},$$

这也是 r_{n-2}, r_{n-3} 的线性组合.

一般地,由下而上逐步迭代,顺次消去 $r_{n-2}, r_{n-3}, \cdots, r_{k-2}$ 知,r_n 可表为 r_k, r_{k-1} 的线性组合,设为

$$r_n = P_{k+1} r_k + Q_{k+1} r_{k-1}.$$

把 $r_k = (-q_k)r_{k-1} + r_{k-2}$ 代入上式,则 r_n 又可表为 r_{k-1}, r_{k-2} 的线性组合,即

$$
\begin{aligned}
r_n &= P_{k+1}[(-q_k)r_{k-1} + r_{k-2}] + Q_{k+1} r_{k-1} \\
&= [P_{k+1}(-q_k) + Q_{k+1}]r_{k-1} + P_{k+1} r_{k-2}.
\end{aligned}
$$

又设 $r_n = P_k r_{k-1} + Q_k r_{k-2}$,则

$$P_k = P_{k+1}(-q_k) + Q_{k+1}, \ Q_k = P_{k+1},$$

故 $P_k = P_{k+1}(-q_k) + P_{k+2}$.

可见，P_k 与 P_{k+1}，$-q_k$，P_{k+2} 有关，即 P_k 与 $-q_n$，$-q_{n-1}$，…，$-q_{k+1}$，$-q_k$ 有关.

记 $P_k=[-q_n, -q_{n-1}, \cdots, -q_{k+1}, -q_k]$，通常叫作欧拉记号. 显然应规定：

$$P_{n+1}=1,\ P_n=[-q_n]=-q_n,$$
$$P_{n-1}=[-q_n, -q_{n-1}]=(-q_n)(-q_{n-1})+1,$$

则由 $P_k=P_{k+1}(-q_k)+P_{k+2}$ 可得

$$\begin{aligned}&[-q_n, \cdots, -q_k]\\ =&[-q_n, \cdots, -q_{k+1}](-q_k)+[-q_n, \cdots, -q_{k+2}].\end{aligned}$$

当 $k=1$ 时，结果为

$$[-q_n, \cdots, -q_1]=[-q_n, \cdots, -q_2](-q_1)+[-q_n, \cdots, -q_3].$$

故 $(a, b)=r_n$ 表为 a 与 b 的线性组合的结果为

$$r_n=P_2a+P_1b=[-q_n, \cdots, -q_2]a+[-q_n, \cdots, -q_1]b,$$

即在 $(a, b)=as+bt$ 中，

$$s=[-q_n, \cdots, -q_2],\ t=[-q_n, \cdots, -q_1].$$

可见，s 与辗转相除的第一个商、最后一个商无关，而 t 与最后一个商无关.

2. 简化结果

用数学归纳法可以证明：

$$[-q_1, \cdots, -q_k]=(-1)^k[q_1, \cdots, q_k].$$

因而，

$$s=(-1)^{n-1}[q_n, \cdots, q_2],\ t=(-1)^n[q_n, \cdots, q_1].$$

记 $R_n=q_n$，$R_{n-1}=q_nq_{n-1}+1$，

$$R_k=[q_n, \cdots, q_k]\quad (k=n-2, n-3, \cdots, 2, 1),$$

则

$$s=(-1)^{n-1}R_2,\ t=(-1)^nR_1,$$

其中 s，t 的符号由辗转相除的次数 $n+1$ 中的 n 确定. 即

$$(a, b)=a(-1)^{n-1}R_2+b(-1)^nR_1.$$

依此原理，可以简化得到本章给出的欧拉算法的过程如下：

	q_n	q_{n-1}	$\cdots$	q_2	q_1
1	R_n	R_{n-1}	$\cdots$	R_2	R_1

这个计算过程，一式算出 R_2 和 R_1 两个数值，既方便又快捷.

值得指出的是,也可用数学归纳法证明:

$$[q_k, \cdots, q_1] = [q_1, \cdots, q_k],$$

从而把辗转相除得到的商,按照除得的先后顺序,从左至右顺次写在横线上方,分别按下式计算得到 R_2 和 R_1:

$$\begin{array}{cccccc} & q_2 & q_3 & \cdots & q_{n-1} & q_n \\ \hline Q_1 = 1 & Q_2 = q_2 & Q_3 & \cdots & Q_{n-1} & R_2 = Q_n \end{array}$$

$$\begin{array}{cccccc} & q_1 & q_2 & \cdots & q_{n-1} & q_n \\ \hline P_0 = 1 & P_1 = q_1 & P_2 & \cdots & P_{n-1} & R_1 = P_n \end{array}$$

这个过程也可以用表格的形式表述如下:

k	1	2	$\cdots$	$n-1$	n
q_k	q_1	q_2	$\cdots$	q_{n-1}	q_n
P_k	$P_1=q_1$	P_2	$\cdots$	P_{n-1}	$P_n=R_1$
Q_k	$Q_1=1$	Q_2	$\cdots$	Q_{n-1}	$Q_n=R_2$

其实,这就是我们开头给出的递推公式的算法,也是第四章计算连分数渐近分数分子和分母的方法.

不难发现,如此分别计算 R_2 和 R_1 两值,当然不如用欧拉算法一式算出简便.

例如,把(5 767, 4 453)表示成 5 767 与 4 453 的倍数和(本章第 5 节例 6),也可分别计算如下:

1	4 453	5 767	
	3 942	4 453	
2	511	1 314	3
	292	1 022	
1	219	292	1
	219	219	
	0	73	3

$$\begin{array}{cccccc} & & 3 & 2 & 1 & 1 \\ \hline & 1 & 3 & 7 & 10 & 17 \end{array}$$

$$\begin{array}{cccccc} & 1 & 3 & 2 & 1 & 1 \\ \hline 1 & 1 & 4 & 9 & 13 & 22 \end{array}$$

这个过程也可以用表格的形式表述如下:

k	1	2	3	4	5
q_k	1	3	2	1	1
P_k	1	4	9	13	22
Q_k	1	3	7	10	17

如前所述,这当然不如用欧拉算法一式算出 R_2 和 R_1 两值简便,这也充分说明了欧拉算法的巧妙和欧拉的高明.

第二章

同余和同余方程

导 读

同余是数论特有的概念和方法，是初等数论的核心内容. 运用同余知识，可以绕过除法运算，直接而简捷地解决许多困难问题.

本章将主要学习同余的概念、性质和简单应用，学习一元一次同余方程与一元一次同余方程组的有关概念和解法.

第1节　同余的概念和性质

1. 同余的概念

在数学和生产生活实践中，有时我们需要关心两个整数除以另外同一个整数所得到的余数是否相同，而不必关心其商分别是多少.

例如，今天是星期六，再过 36 天和 43 天分别是星期几？这个问题，我们只要关心 36 和 43 除以 7 的余数即可，余数都是 1，所以，答案都是星期日.

36 和 43 除以 7 都余 1，则称 36 和 43 关于模 7 同余；8 和 21 除以 6 余数不同，则称 8 和 21 关于模 6 不同余.

一般地，若两个整数 a, b 被一个正整数 m 除得的余数相同，则称 a 和 b 关于模 m 同余；若余数不同，则称 a 和 b 关于模 m 不同余.

即我们可定义如下.

定义 1　设 $a, b \in \mathbf{Z}, m \in \mathbf{N}^*$.

当 $a = mq_1 + r_1, b = mq_2 + r_2 (q_1, q_2, r_1, r_2 \in \mathbf{Z}, 0 \leqslant r_1 < m, 0 \leqslant r_2 < m)$ 时，若 $r_1 = r_2$，则称 a 和 b 关于模 m 同余，记作 $a \equiv b \pmod m$，读作 a 同余 b 模 m；否则，称 a 和 b 关于模 m 不同余，记作 $a \not\equiv b \pmod m$，读作 a 不同余 b 模 m.

例如，$21 \equiv 3 \pmod 6$，$-13 \equiv 7 \pmod{10}$，$13 \not\equiv 2 \pmod 5$.

当模 $m=1$ 时，由定义可知，任意两个整数同余 0，讨论这样的问题意义不大，与引入同余概念的宗旨不符，故此后默认 $m>1$.

用定义判断是否同余，要进行除法运算，一般说来比较麻烦. 我们可以借用整除知识，直接进行判断，其方法和依据如下.

定理 1 $a \equiv b \pmod m \Leftrightarrow m \mid (a-b)$.

证明 设 $a = mq_1 + r$，$b = mq_2 + r\,(0 \leqslant r < m)$，则

$$a - b = m(q_1 - q_2).$$

$\because q_1, q_2 \in \mathbf{Z}$，$\therefore q_1 - q_2 \in \mathbf{Z}$，

$\therefore m \mid (a-b)$.

反之，设 $a = mq_1 + r_1$，$b = mq_2 + r_2\,(0 \leqslant r_1 < m,\ 0 \leqslant r_2 < m)$.

$\because m \mid (a-b) = m(q_1 - q_2) + (r_1 - r_2)$，$m \mid m(q_1 - q_2)$，

$\therefore m \mid (r_1 - r_2)$.

$\because 0 \leqslant r_1 < m,\ 0 \leqslant r_2 < m$，$\therefore 0 \leqslant |r_1 - r_2| < m$.

$\therefore r_1 - r_2 = 0$，$r_1 = r_2$.

$\therefore a \equiv b \pmod m$.

例如，因为 $-17-13=-30$，$5 \mid (-30)$，所以，$-17 \equiv 13 \pmod 5$.

该定理沟通了同余与整除的关系，在推理或解决问题时，可以根据需要将两者相互转化.

$\because m \mid (a-b) \Leftrightarrow a-b = mt\,(t \in \mathbf{Z}) \Leftrightarrow a = b + mt$，

$\therefore a \equiv b \pmod m \Leftrightarrow a = b + mt$.

这样，我们就可以得到如下推论.

推论 $a \equiv b \pmod m \Leftrightarrow a = b + mt\,(t \in \mathbf{Z})$.

该推论沟通了同余与相等的关系，在推理或解决问题时，可以根据需要将两者相互转化.

由定理和推论可知，除法等式、整除式与同余式三者可以相互转化.

例如，$n = 8t + 7\,(t \in \mathbf{Z}) \Leftrightarrow 8 \mid (n-7) \Leftrightarrow n \equiv 7 \pmod 8$.

例 1 判断下列各式是否成立：

(1) $31 \equiv -9 \pmod{20}$；(2) $199 \equiv 0 \pmod 9$；(3) $|k| \equiv k \pmod 2\,(k \in \mathbf{Z})$.

解 (1) 因为 $20 \mid [31-(-9)]$，故成立.

(2) 因为 $9 \nmid 199$，故不成立.

(3) 因为 $2 \mid (|k| - k)$，故成立.

2. 同余的性质

同余具有如下基本性质和运算性质.

定理 2 (基本性质)

(1) 反身性：$a \equiv a \pmod m$.

(2) 对称性：若 $a \equiv b \pmod m$，则 $b \equiv a \pmod m$.

(3) 传递性：若 $a \equiv b \pmod m$，$b \equiv c \pmod m$，则 $a \equiv c \pmod m$.

证明　(1)，(2)显然成立，下面证明(3)：

$\because a \equiv b \pmod m$，$\therefore m \mid (a-b)$；

$\because b \equiv c \pmod m$，$\therefore m \mid (b-c)$.

$\therefore m \mid [(a-b)+(b-c)] = a-c$.

$\therefore a \equiv c \pmod m$.

同余具有如下运算性质.

定理 3　(可加性)

(1) 若 $a \equiv b \pmod m$，$c \in \mathbf{Z}$，则 $a+c \equiv b+c \pmod m$；

(2) 若 $a \equiv b \pmod m$，$c \equiv d \pmod m$，则 $a+c \equiv b+d \pmod m$.

证明　(1) 显然成立，下面证明(2).

$\because a \equiv b \pmod m$，$\therefore m \mid (a-b)$；

$\because c \equiv d \pmod m$，$\therefore m \mid (c-d)$.

$\therefore m \mid [(a-b)+(c-d)] = (a+c)-(b+d)$.

$\therefore a+c \equiv b+d \pmod m$.

推论　若 $a+c \equiv b \pmod m$，$c \in \mathbf{Z}$，则 $a \equiv b-c \pmod m$.

例 2　把 1, 2, 3, …, 64 这 64 个数任意排列为 $a_1, a_2, a_3, \cdots, a_{64}$，算出 $|a_1-a_2|$，$|a_3-a_4|$，…，$|a_{63}-a_{64}|$.

再把这 32 个数任意排列为 $b_1, b_2, b_3, \cdots, b_{32}$，算出 $|b_1-b_2|$，$|b_3-b_4|$，…，$|b_{31}-b_{32}|$.

如此继续下去，最后得到的一个数 x 是奇数还是偶数?

解

$$\begin{aligned}
& b_1+b_2+\cdots+b_{32} \\
=\ & |a_1-a_2|+|a_3-a_4|+\cdots+|a_{63}-a_{64}| \\
\equiv\ & a_1-a_2+a_3-a_4+\cdots+a_{63}-a_{64} \\
\equiv\ & a_1+a_2+a_3+a_4+\cdots+a_{63}+a_{64} \\
=\ & 1+2+\cdots+64 \\
\equiv\ & 0 \pmod 2.
\end{aligned}$$

这说明，经过一次“排列”与“运算”，其和奇偶性不变，为偶数. 经多次“排列”与“运算”，最后得到的一个数 x 也必然为偶数.

定理 4　(可乘性)

(1) 若 $a \equiv b \pmod m$，$c \in \mathbf{Z}$，则 $ac \equiv bc \pmod m$.

(2) 若 $a \equiv b \pmod m$，$c \equiv d \pmod m$，则 $ac \equiv bd \pmod m$.

(3) 若 $a \equiv b \pmod m$，$n \in \mathbf{N}^*$，则 $a^n \equiv b^n \pmod m$.

(4) 若 $a \equiv b \pmod{m_1}$，$a \equiv b \pmod{m_2}$，$(m_1, m_2)=1$，则 $a \equiv b \pmod{m_1 m_2}$；若 $a \equiv b \pmod{m_1}$，$a \equiv b \pmod{m_2}$，则 $a \equiv b \pmod{[m_1, m_2]}$.

证明 (1) $\because a\equiv b(\bmod m)$，$\therefore m\mid(a-b)$；

$\therefore m\mid(a-b)c=ac-bc$.

$\therefore ac\equiv bc(\bmod m)$.

(2) $\because a\equiv b(\bmod m)$，$\therefore ac\equiv bc(\bmod m)$；

$\because c\equiv d(\bmod m)$，$\therefore bc\equiv bd(\bmod m)$.

$\therefore ac\equiv bd(\bmod m)$.

(3) $\because a\equiv b(\bmod m)$，$\therefore m\mid(a-b)$.

$\therefore m\mid(a-b)(a^{n-1}+a^{n-2}b+\cdots+ab^{n-2}+b^{n-1})=a^n-b^n$.

$\therefore a^n\equiv b^n(\bmod m)$.

(4) $\because a\equiv b(\bmod m_1)$，$a\equiv b(\bmod m_2)$，

$\therefore m_1\mid(a-b)$，$m_2\mid(a-b)$，$\therefore[m_1, m_2]\mid(a-b)$.

$\therefore a\equiv b(\bmod [m_1, m_2])$.

由定理及其证明过程不难得到如下的推论.

推论 (1) 若 $a\equiv b(\bmod m_1)$，$a\equiv b(\bmod m_2)$，$\cdots$，$a\equiv b(\bmod m_n)$，且 m_1，m_2，$\cdots$，m_n 两两互质，则

$$a\equiv b(\bmod m_1m_2\cdots m_n);$$

(2) 若 $a\equiv b(\bmod m_1)$，$a\equiv b(\bmod m_2)$，$\cdots$，$a\equiv b(\bmod m_n)$，则

$$a\equiv b(\bmod [m_1, m_2, \cdots, m_n]).$$

例 3 已知今天是星期三，问 10^{12} 天后的那一天是星期几?

解 $10\equiv 3(\bmod 7)$；$10^{12}\equiv 3^{12}=27^4\equiv(-1)^4=1(\bmod 7)$.

因为今天是星期三，所以 10^{12} 天后的那一天是星期四.

例 4 求 3^{406} 的个位数.

解 $\because 3^{406}=(3^2)^{203}=9^{203}\equiv(-1)^{203}=-1\equiv 9(\bmod 10)$，

$\therefore$ 个位是 9.

规定 $2^{2^n}=2^{(2^n)}\neq(2^2)^n$. 形如 $F_n=2^{2^n}+1(n\in\mathbf{N}^*)$ 的数叫作**费马数**.

由于 $F_1=5$，$F_2=17$，$F_3=257$，$F_4=65\,537$ 都是质数，费马猜想 F_n 都是质数. 但事实上，F_5 就不是质数，证明如下.

例 5 求证：$641\mid(2^{2^5}+1)$.

证明 $\because 2^{2^5}=2^{32}=256^4=65\,536^2\equiv 154^2=23\,716\equiv-1(\bmod 641)$，

$\therefore 641\mid(2^{2^5}+1)$.

例 6 某人存款元数是一个四位整数，该数被 3 除余 2，被 4 除余 3，被 5 除余 4，被 6 除余 5，被 7 除余 6，被 8 除余 7，被 9 除余 8，问他存款多少元?

解 设存款 x 元，则

$$\begin{cases}x\equiv 2(\bmod 3),\\ x\equiv 3(\bmod 4),\\ x\equiv 4(\bmod 5),\\ x\equiv 5(\bmod 6),\\ x\equiv 6(\bmod 7),\\ x\equiv 7(\bmod 8),\\ x\equiv 8(\bmod 9)\end{cases}\Rightarrow\begin{cases}x\equiv -1(\bmod 3),\\ x\equiv -1(\bmod 4),\\ x\equiv -1(\bmod 5),\\ x\equiv -1(\bmod 6),\\ x\equiv -1(\bmod 7),\\ x\equiv -1(\bmod 8),\\ x\equiv -1(\bmod 9)\end{cases}\Rightarrow x\equiv -1(\bmod [3,4,5,6,7,8,9])$$

$$\Rightarrow x\equiv -1(\bmod 2\,520)\Rightarrow x=-1+2\,520k(k\in\mathbf{Z}).$$

因为 x 为四位数，所以

$$1\,000\leqslant -1+2\,520k<10\,000\Rightarrow\frac{1\,001}{2\,520}\leqslant k<\frac{10\,001}{2\,520}\Rightarrow k=1,\ 2,\ 3.$$

$$x=2519, 5039, 7559.$$

答：此人存款 2 519 元，或 5 039 元，或 7 559 元.

我们自然会继续想，同余是否可以相除？即可乘性定理的逆命题是否成立？结论是一般说来不成立. 例如，$18\equiv 48(\bmod 10)$ 成立，但不能约去 6 得 $3\equiv 8(\bmod 10)$. 然而，加强条件之后有的可以成立，这就是下面要讨论的可约性，以后各节经常用到.

定理 5　（可约性）

(1) 若 $ac\equiv bc(\bmod m)$, $(c, m)=1$，则 $a\equiv b(\bmod m)$；

(2) 若 $ac\equiv bc(\bmod cm)$，则 $a\equiv b(\bmod m)$；

(3) 若 $a\equiv b(\bmod cm)$，则 $a\equiv b(\bmod m)$；

(4) 若 $ac\equiv bc(\bmod m)$, $(c, m)=d$，则 $a\equiv b\left(\bmod \frac{m}{d}\right)$.

证明　(1)～(3)显然，下面证明(4)：

$\because ac\equiv bc(\bmod m)$, $\therefore m\mid(ac-bc)=c(a-b)$, $\therefore \frac{m}{d}\mid\frac{c}{d}(a-b)$.

$\because (c, m)=d$, $\therefore \left(\frac{c}{d}, \frac{m}{d}\right)=1$, $\therefore \frac{m}{d}\mid(a-b)$, $\therefore a\equiv b\left(\bmod\frac{m}{d}\right)$.

3. 被特殊数整除的数的特征

在第一章我们曾借用一个例题介绍过被特殊数整除的数的特征，并指出会在本章作详细介绍.

设十进制正整数 $N=\overline{a_na_{n-1}\cdots a_1a_0}$，将其表示成不同计数单位的数之和的形式：

$$N=a_n\cdot 10^n+a_{n-1}\cdot 10^{n-1}+\cdots+a_1\cdot 10+a_0.$$

我们希望找到一个比较小的数 R 作为特征数，便于判断 N 的整除性，当然 R 应满足 $N\equiv R(\bmod m)$.

(1) 被 2 或 5，4 或 25 整除的数的特征.

由于 $10 \equiv 0 \pmod 2$，$10^k \equiv 0 \pmod 2 (k = 1, 2, \cdots, n)$，故 $a_k 10^k \equiv 0 \pmod 2$，$\sum_{k=1}^{n} a_k 10^k \equiv 0 \pmod 2$，

$$N \equiv a_0 = R \pmod 2. \text{同理 } N \equiv a_0 = R \pmod 5.$$

这表明，被 2 或 5 整除的数 N 的特征是：数 N 的末位数字能被 2 或 5 整除；当不能整除时，模除 N 与 R 所得余数相等.

同理：由于 $10^2 \equiv 0 \pmod 4$，$10^k \equiv 0 \pmod 4 (k = 2, 3, \cdots, n)$，故

$$a_k 10^k \equiv 0 \pmod 4, \ \sum_{k=2}^{n} a_k 10^k \equiv 0 \pmod 4,$$

$$N \equiv \overline{a_1 a_0} = R \pmod 4. \text{同理 } N \equiv \overline{a_1 a_0} = R \pmod{25}.$$

这表明，被 4 或 25 整除的数 N 的特征是：数 N 的末两位数能被 4 或 25 整除；当不能整除时，模除 N 与 R 所得余数相等.

依此类推，可以得到被 8 或 125 整除的数的特征.

(2) 被 3 或 9 整除的数的特征.

由于 $10 \equiv 1 \pmod 3$，故

$$10^k \equiv 1 \pmod 3, \ a_k 10^k \equiv a_k \pmod 3 \quad (k = 0, 1, 2, \cdots, n),$$

$$N \equiv a_n + a_{n-1} + \cdots + a_1 + a_0 = R \pmod 3.$$

这表明，能被 3 整除的数 N 的特征是：数 N 的各数位上的数字之和能被 3 整除；当不能整除时，模除 N 与 R 所得余数相等.

同理可得能被 9 整除的数 N 的特征是：数 N 的各数位上的数字之和能被 9 整除；当不能整除时，模除 N 与 R 所得余数相等.

(3) 被 11 整除的数的特征.

由于 $10 \equiv -1 \pmod{11}$，所以

$$10^k \equiv (-1)^k = \begin{cases} 1 \pmod{11}, & k = 2q, \\ -1 \pmod{11}, & k = 2q+1 \quad (q \in \mathbf{N}), \end{cases}$$

$$N \equiv (-1)^n a_n + (-1)^{n-1} a_{n-1} + \cdots + a_2 - a_1 + a_0 = R \pmod{11}.$$

这表明，能被 11 整除的数 N 的特征是：数 N 的隔位上的数字之和的差能被 11 整除；当不能整除时，模除 N 与 R(由右至左，N 的奇数位上数字之和与偶数位上数字之和的差)所得余数相等.

由 $10^3 \equiv -1 \pmod{11}$ 可得 $\overline{a_n \cdots a_3} \times 10^3 \equiv -\overline{a_n \cdots a_3} \pmod{11}$，

$$N = \overline{a_n \cdots a_3} \times 10^3 + \overline{a_2 a_1 a_0} \equiv \overline{a_2 a_1 a_0} - \overline{a_n \cdots a_3} = R \pmod{11}.$$

这表明，被 11 整除的数的另一个特征是：数 N 的末三位数与其去掉末三位所得数之差能被 11 整除；当不能整除时，模除 N 与 R 所得余数相等.

同理可得被 7 或 13 整除的数的类似特征.

例 7　设有偶位数 $a=\overline{a_n a_{n-1}\cdots a_1 a_0}\,(n>2)$,如果 $\alpha=\overline{a_1a_0}+\overline{a_5a_4}+\cdots+\overline{a_{n-2}a_{n-3}}$, $\beta=\overline{a_3a_2}+\overline{a_7a_6}+\cdots+\overline{a_na_{n-1}}$,求证:

$$101\mid a \Leftrightarrow 101\mid(\alpha-\beta).$$

证明　$\because\ a=\overline{a_1a_0}+\overline{a_3a_2}\times 100+\overline{a_5a_4}\times 100^2+\overline{a_7a_6}\times 100^3+\cdots+\overline{a_na_{n-1}}\times 100^{\frac{n-1}{2}}$,

$100\equiv -1\pmod{101}$,

$\therefore\ 100^k\equiv(-1)^k=\begin{cases}1\pmod{101}, & k=2r,\\ -1\pmod{101}, & k=2r+1,\ r\in\mathbf{N}.\end{cases}$

$\therefore\ a\equiv\overline{a_1a_0}-\overline{a_3a_2}+\overline{a_5a_4}-\overline{a_7a_6}+\cdots-\overline{a_na_{n-1}}$

$=(\overline{a_1a_0}+\overline{a_5a_4}+\cdots+\overline{a_{n-2}a_{n-3}})-(\overline{a_3a_2}+\overline{a_7a_6}+\cdots+\overline{a_na_{n-1}})$

$=\alpha-\beta\pmod{101}$.

$\therefore\ 101\mid a\Leftrightarrow 101\mid(\alpha-\beta)$.

例 8　设 $a\equiv p\pmod 9$, $b\equiv q\pmod 9$, $c\equiv r\pmod 9$,若 $ab=c$,则 $pq\equiv r\pmod 9$.

证明　$\because\ c=ab\equiv pq\pmod 9$, $c\equiv r\pmod 9$,

$\therefore\ pq\equiv r\pmod 9$.

值得注意的是,由于命题与其逆否命题等价,因而,该命题的逆否命题可用来判定乘法运算结果的错误;但由于该命题的逆命题不真,因而不能用逆命题来判定乘法运算结果的正确. 例如,由

$$28\,947\equiv 2+8+9+4+7\equiv 3\pmod 9,$$
$$34\,578\equiv 3+4+5+7+8\equiv 0\pmod 9,$$
$$1\,001\,865\,676\equiv 1+1+8+6+5+6+7+6\equiv 4\pmod 9,$$
$$3\times 0=0\not\equiv 4\pmod 9,$$

可以判定 $28\,947\times 34\,578=1\,001\,865\,676$ 不成立. 由

$$28\,997\equiv 8\pmod 9,\ 39\,459\equiv 3\pmod 9,$$
$$1\,144\,192\,533\equiv 6\pmod 9,\ 8\times 3=24\equiv 6\pmod 9,$$

不能判定 $28\,997\times 39\,459=1\,144\,192\,533$ 成立.

也可用与该命题类似的结论来断定加、减、除法运算结果的错误. 这种验算四则运算结果错误的方法,叫作**弃九验算法**.

习题 2.1

1. 判断下列各式是否成立:

(1) $6\equiv 20\pmod 7$;　(2) $-2\equiv 2\pmod 8$;　(3) $13^2\equiv 2\pmod 3$;

(4) $15\equiv -1\pmod 7$;　(5) $120\equiv 1\pmod 7$;　(6) $-133\equiv 17\pmod{10}$.

2. 求下列各数关于模7同余的最小正整数:

(1) 10; (2) 1 000; (3) 100 000 (4) 1 000 000.

3. 判断下列各式的对错,对的证明,错的举出反例:

(1) 若 $a\equiv b(\bmod m)$, $c\in\mathbf{N}^*$,则 $ac\equiv bc(\bmod cm)$;

(2) 若 $ac\equiv bc(\bmod m)$, $c\mid m$,则 $a\equiv b(\bmod m)$;

(3) 若 $a^2\equiv b^2(\bmod m)$,则 $a\equiv b(\bmod m)$;

(4) 若 $a\equiv b(\bmod 2)$,则 $a^2\equiv b^2(\bmod 2^2)$.

4. 求证:若 $a+c\equiv b(\bmod m)$,则 $a\equiv b-c(\bmod m)$.

5. 求证:(1) $33\mid(2^{55}+1)$;(2) $168\mid(13^{6n}-1)(n\in\mathbf{N}^*)$.

6. 找出并证明被8或125整除的数的特征.

7. 求 2^{50}, 3^{406} 的末两位数.

8. 求13除 6^{48} 的余数.

9. 求使 2^n+1 能被5整除的所有正整数 n.

10. 判断23 769可否被5,9,11整除?若不能整除,求除得的余数(用特征数).

11. 一个正整数,如果颠倒顺序后来读仍是此数,则称之为回文数.例如,33,1 441,9 213 129等都是回文数.

(1) 求证:每个4位回文数都能被11整除;

(2) 6位回文数和7位回文数能被11整除吗?

12. 设 $(p, a)=1, k\geqslant 1$,求证:

$$n^2\equiv na(\bmod p^k)\Leftrightarrow n\equiv 0(\bmod p^k) \text{ 或 } n\equiv a(\bmod p^k).$$

第2节 剩余类和剩余系

1. 剩余类

大家知道,一个整数除以 m 所得最小非负余数是 $0, 1, 2, \cdots, m-1$ 这 m 个数之一.所以,以 m 为模可将整数分为 m 类:

$$km, km+1, km+2, \cdots, km+(m-1).$$

在这 m 类中,每一类中的所有数对 m 同余,而任意两个不同类中的数对 m 不同余.这样,我们就可以定义同余类或者叫作剩余类.

定义1 对模 m 同余的数的集合,叫作模 m 的一个同余类或剩余类.用 $[r]_m$ 表示对模 m 同余 r 的剩余类.

例如,$5k$, $5k+1$, $5k+2$, $5k+3$, $5k+4$(k 是整数)是模5的5个不同的剩余类.可依次记作 $[0]_5$, $[1]_5$, $[2]_5$, $[3]_5$, $[4]_5$.

定理1 对模 m 有且仅有 m 个互不相同的剩余类.

证明 存在性.

一切整数除以 m 所得最小非负余数不外乎 0 至 $m-1$ 这 m 个数，所以，对模 m 存在 m 个互不相同的剩余类

$$km+r \quad (k\in\mathbf{Z},\ r=0,\ 1,\ 2,\ \cdots,\ m-1).$$

唯一性.

若除了上述 m 个不同的剩余类之外，还有一个，不妨设为
$km+t \quad (k\in\mathbf{Z},\ t\neq 0,\ 1,\ 2,\ \cdots,\ m-1)$，$t=mq+s \quad (q\in\mathbf{Z},\ s=0,\ 1,\ 2,\ \cdots,\ m-1)$，
则 $km+t=km+mq+s=(k+q)m+s$.

$\because k,\ q\in\mathbf{Z}$，$\therefore k+q\in\mathbf{Z}$.

可见，$km+t(k\in\mathbf{Z},\ t\neq 0,\ 1,\ 2,\ \cdots,\ m-1)$ 仍属于 $km+r(k\in\mathbf{Z},\ r=0,\ 1,\ 2,\ \cdots,\ m-1)$ 中的一类，这与假设矛盾.

故，有且仅有 m 个不同的剩余类.

定理 2　模 m 的一个剩余类中的一切数，与模 m 的最大公因数相等.

证明　设 $a=mk+r,\ b=mq+r(k,\ q\in\mathbf{Z},\ r=0,\ 1,\ 2,\ \cdots,\ m-1)$.

$\because (a,\ m)=(m,\ r),\ (b,\ m)=(m,\ r)$，

$\therefore (a,\ m)=(b,\ m)$.

例如，对模 5 余 1 的一类中的数 $5m+1$ 和 $5q+1$，与 5 的最大公因数同为 1；对模 6 余 2 的一类中的数 $6m+2$ 和 $6q+2$，与 6 的最大公因数同为 2.

2. 完全剩余系

定义 2　从模 m 的每个剩余类中各取一个数，这 m 个数所组成的集合叫作模 m 的一个完全剩余系.

下面是几个常用的完全剩余系.

(1) 把 $\{0,\ 1,\ 2,\ \cdots,\ m-1\}$ 叫作模 m 的**最小非负完全剩余系**；

(2) 把 $\{1,\ 2,\ \cdots,\ m-1,\ m\}$ 叫作模 m 的**最小正完全剩余系**；

(3) 把 $\{-(m-1),\ -(m-2),\ \cdots,\ -1,\ 0\}$ 叫作模 m 的**最大非正完全剩余系**；

(4) 把 $\{-m,\ -(m-1),\ -(m-2),\ \cdots,\ -1\}$ 叫作模 m 的**最大负完全剩余系**；

(5) 当 m 为奇数时，把 $\left\{-\frac{m-1}{2},\ \cdots,\ -1,\ 0,\ 1,\ \cdots,\ \frac{m-1}{2}\right\}$ 叫作模 m 的**绝对最小完全剩余系**；

(6) 当 m 为偶数时，把 $\left\{-\frac{m}{2}+1,\ \cdots,\ -1,\ 0,\ 1,\ \cdots,\ \frac{m}{2}\right\}$ 叫作模 m 的**绝对最小完全剩余系**.

显然，模 m 有无数个完全剩余系. 对任意整数 a，在模 m 的一个完全剩余系 $\{a_1,\ a_2,\ \cdots,\ a_m\}$ 的 m 个数中，有且仅有一个与 a 对模 m 同余.

定理 3　m 个数 $a_1,\ a_2,\ \cdots,\ a_m$ 构成模 m 的完全剩余系⇔这 m 个数中的任意两个对模 m 两两不同余.

证明 必要性.

若 m 个数 $a_1, a_2, \cdots, a_m$ 构成模 m 的完全剩余系,则这 m 个数一定是模 m 的不同剩余类中的代表,因此,这 m 个数中的任意两个对模 m 两两不同余.

充分性.

这 m 个数中的任意两个对模 m 两两不同余.因为模 m 有且仅有 m 个不同的剩余类,这 m 个数必落在 m 个不同的剩余类中,故 m 个数 $a_1, a_2, \cdots, a_m$ 构成模 m 的完全剩余系.

例1 求证:$\{-11, -4, 18, 20, 32\}$是模5的一个完全剩余系.

证明 由于 $-11 \equiv 4(\bmod 5)$, $-4 \equiv 1(\bmod 5)$, $18 \equiv 3(\bmod 5)$, $20 \equiv 0(\bmod 5)$, $32 \equiv 2(\bmod 5)$,因此,$-11, -4, 18, 20, 32$ 这五个数对模5两两不同余,由定理3知,$\{-11, -4, 18, 20, 32\}$ 是模5的一个完全剩余系.

例2 求证:任意整数 n 的12次方必为 $13k$ 或 $13k+1$ 型数.

证明 设 $n = 13m + t(t \in \mathbf{Z}, |t| \leqslant 6)$, $n^{12} = (13m+t)^{12} = 13M + t^{12}$,则

$$n^{12} = 13M + t^{12} \equiv t^{12}(\bmod 13).$$

$\because 0^{12} \equiv 0(\bmod 13)$, $(\pm 1)^{12} \equiv 1(\bmod 13)$,

$(\pm 2)^{12} = (2^4)^3 \equiv 3^3 \equiv 1(\bmod 13)$,

$(\pm 3)^{12} = (3^2)^6 \equiv (-4)^6 = (4^2)^3 \equiv 3^3 \equiv 1(\bmod 13)$,

$(\pm 4)^{12} = (4^2)^6 \equiv 3^6 = (3^3)^2 \equiv 1^2 = 1(\bmod 13)$,

$(\pm 5)^{12} = (5^2)^6 \equiv (-1)^6 = 1(\bmod 13)$,

$(\pm 6)^{12} = (6^2)^6 \equiv (-3)^6 = (3^3)^2 \equiv 1^2 = 1(\bmod 13)$,

$\therefore n^{12} = 13k$ 或 $n^{12} = 13k+1(k \in \mathbf{N})$.

定理4 设 $a_1, a_2, \cdots, a_m$ 是模 m 的一个完全剩余系,b 是任意一个整数,则 $a_1+b, a_2+b, \cdots, a_m+b$ 也是模 m 的一个完全剩余系.

证明 设 $a_1+b, a_2+b, \cdots, a_m+b$ 不是模 m 的一个完全剩余系,则这 m 个数中至少有某两个来自模 m 的一个剩余类,即对模 m 同余.

不妨设 $a_1+b \equiv a_2+b(\bmod m)$,则由同余可加性可知 $a_1 \equiv a_2(\bmod m)$,这与已知矛盾.

故 $a_1+b, a_2+b, \cdots, a_m+b$ 也是模 m 的一个完全剩余系.

定理5 设 $a_1, a_2, \cdots, a_m$ 是模 m 的一个完全剩余系,$(a, m) = 1$,则 $aa_1, aa_2, \cdots, aa_m$ 也是模 m 的一个完全剩余系.

证明 设 $aa_1, aa_2, \cdots, aa_m$ 不是模 m 的一个完全剩余系,则这 m 个数中至少有某两个来自模 m 的一个剩余类,即对模 m 同余,不妨设 $aa_1 \equiv aa_2(\bmod m)$.

因为 $(a, m) = 1$,由同余可约性知 $a_1 \equiv a_2(\bmod m)$,与已知矛盾.

故 $aa_1, aa_2, \cdots, aa_m$ 也是模 m 的一个完全剩余系.

由定理4和定理5不难得到以下推论.

推论 设 $a_1, a_2, \cdots, a_m$ 是模 m 的一个完全剩余系,$(a, m) = 1$, b 是任一整数,则 $aa_1+b, aa_2+b, \cdots, aa_m+b$ 是模 m 的一个完全剩余系.

例 3　求证：$\{7, 12, 17, 22, 27, 32\}$是模 6 的一个完全剩余系.

证明　因为$\{0, 1, 2, 3, 4, 5\}$是模 6 的一个完全剩余系，$(5, 6)=1$，由定理 5 知$\{0, 5, 10, 15, 20, 25\}$是模 6 的一个完全剩余系.

由定理 4 知

$$\{0+7, 5+7, 10+7, 15+7, 20+7, 25+7\}=\{7, 12, 17, 22, 27, 32\}$$

是模 6 的一个完全剩余系.

例 4　一个圆形水塘周围有 201 个树桩，一只青蛙从某树桩起沿逆时针方向跳跃，每次跳跃到下面的第 5 个桩上. 试说明：当青蛙连跳 201 次后，又回到原来的树桩上，而且在其余 200 个树桩上都曾停留过一次.

解　从起跳的那个树桩开始，沿逆时针方向，每个树桩标号 1 至 201，两桩之间叫作一步. 因为从 1 号桩起跳，每跳一次过 5 步，所以依次跳过的总步数为 1×5，2×5，…，201×5，因为$(5, 201)=1$，所以，这些总步数是模 201 的一个完全剩余系，即这些总步数与 201 个树桩标号可以建立一一对应，所以，青蛙出发后，在每个树桩上停留一次.

又因为 $201\times 5\equiv 0 \pmod{201}$，所以，最后一次又跳回到起跳时的那个树桩上.

3. 欧拉函数和简化剩余系

给定模 m 的一个完全剩余系 r_1，r_2，…，r_m，其中 r_i 与 m 互质的情况非常重要.

例如，12 的非负完全剩余系中与 12 互质的正整数有 1，5，7，11 四个. 也可以说，不超过 12 又与 12 互质的正整数有 1，5，7，11 四个.

以此我们可以证明“大于 3 的质数的平方可表示为 $24n+1$ 的形式”，过程如下：

由于大于 3 的质数可以表示为 $p=12q+t(t=1, 2, \cdots, 11)$，但 p 为质数，故 t 必不是合数，只可能是 1，5，7，11. 无论 t 取这四个数中的哪一个，

$$p^2=(12q+t)^2=144q^2+24qt+t^2\equiv t^2\equiv 1 \pmod{24}.$$

故大于 3 的质数的平方必可表示为 $24n+1$ 的形式.

定义 3　不超过正整数 m 又与 m 互质的正整数的个数记作 $\varphi(m)$，叫作欧拉函数.

显然，欧拉函数的定义域和值域都是正整数集.

特别地，$\varphi(1)=1$，$\varphi(2)=1$，$\varphi(3)=2$，$\varphi(4)=2$，$\varphi(5)=4$，$\varphi(6)=2$. 当 p 为质数时，$\varphi(p)=p-1$.

定义 4　与模 m 互质的剩余类有 $\varphi(m)$个，从每类中各取一个数构成的集合，叫作模 m 的一个简化剩余系；在模 m 的最小非负完全剩余系中取得的简化剩余系，叫作模 m 的最小正简化剩余系.

例 5　写出模 9 的最小正简化剩余系和两个简化剩余系.

解　模 9 的最小非负完全剩余系为 0，1，2，3，4，5，6，7，8.

最小正简化剩余系为 1，2，4，5，7，8.

写出与模 m 互质的所有剩余类：

$$9k_1+1,\ 9k_2+2,\ 9k_3+4,\ 9k_4+5,\ 9k_5+7,\ 9k_6+8.$$

$k_1, k_2, k_3, k_4, k_5, k_6$ 取一组整数值即可得到模 m 的一个简化剩余系,如都取1,依次取0,1,0,1,0,1,分别得到两个简化剩余系:

10,11,13,14,16,17 和1,11,4,14,7,17.

定理6 设 $r_1, r_2, \cdots, r_{\varphi(m)}$ 是模 m 的一个简化剩余系,$(a, m)=1$,则 $ar_1, ar_2, \cdots, ar_{\varphi(m)}$ 也是模 m 的一个简化剩余系.

证明 若 $k_1 \neq k_2$, $ar_{k_1} \equiv ar_{k_2} \pmod m$,则 $\because (a, m)=1$, $\therefore r_{k_1} \equiv r_{k_2} \pmod m$,这与已知矛盾.

故 $ar_1, ar_2, \cdots, ar_{\varphi(m)}$ 也是模 m 的一个简化剩余系.

但若 $r_1, r_2, \cdots, r_{\varphi(m)}$ 是模 m 的一个简化剩余系,b 是任一整数,则 $r_1+b, r_2+b, \cdots, r_{\varphi(m)}+b$ 不一定是模 m 的一个简化剩余系.

例如,模9的最小正简化剩余系中的各数都加1,所得6个数2,3,5,6,8,9就不能构成模9的一个简化剩余系.

下面我们学习欧拉函数的性质.

定理7 设 p 为质数,k 为正整数,则 $\varphi(p^k)=p^{k-1}(p-1)$.

证明 因为 p 为质数,p 有且只有正约数1和 p,所以与 p 不互质的数必为 p 的倍数.因为与 p 不互质的充要条件是与 p^k 不互质,故与 p^k 不互质的数即与 p 不互质的数,也就是 p 的倍数,

在1至 p^k 这 p^k 个数中,p 的倍数有 $p, 2p, 3p, \cdots, (p^{k-1}-1)p, p^k$ 这 p^{k-1} 个数与 p 不互质,而与其互质的有 p^k-p^{k-1} 个,故

$$\varphi(p^k)=p^k-p^{k-1}=p^{k-1}(p-1).$$

例6 求 $\varphi(3), \varphi(9), \varphi(27), \varphi(81)$.

解 $\varphi(3)=3^{1-1}(3-1)=2$,

$\varphi(9)=\varphi(3^2)=3^{2-1}(3-1)=6$,

$\varphi(27)=\varphi(3^3)=3^{3-1}(3-1)=18$,

$\varphi(81)=\varphi(3^4)=3^{4-1}(3-1)=54$.

定理8 设 $m_1, m_2 \in \mathbf{N}^*$, $(m_1, m_2)=1$,则 $\varphi(m_1m_2)=\varphi(m_1)\varphi(m_2)$.

例如,可分别验证 $\varphi(5)=4$, $\varphi(6)=2$, $\varphi(30)=8$.

一般证明比较复杂,感兴趣的读者可阅读本书末所列参考书.

定理9 设正整数 m 的标准分解式为

$$m=p_1^{\alpha_1}p_2^{\alpha_2}\cdots p_k^{\alpha_k} \quad (p_1, p_2, \cdots, p_k \text{ 为互异质数}),$$

则 $\varphi(m)=m\left(1-\dfrac{1}{p_1}\right)\left(1-\dfrac{1}{p_2}\right)\cdots\left(1-\dfrac{1}{p_k}\right)$.

证明 $\varphi(m)=\varphi(p_1^{\alpha_1}p_2^{\alpha_2}\cdots p_k^{\alpha_k})$

$$=\varphi(p_1^{\alpha_1})\varphi(p_2^{\alpha_2})\cdots\varphi(p_k^{\alpha_k})=p_1^{\alpha_1-1}(p_1-1)p_2^{\alpha_2-1}(p_2-1)\cdots p_k^{\alpha_k-1}(p_k-1)$$

$$= p_1^{\alpha_1} p_2^{\alpha_2} \cdots p_k^{\alpha_k} \left(1-\frac{1}{p_1}\right)\left(1-\frac{1}{p_2}\right)\cdots\left(1-\frac{1}{p_k}\right)$$
$$= m\left(1-\frac{1}{p_1}\right)\left(1-\frac{1}{p_2}\right)\cdots\left(1-\frac{1}{p_k}\right).$$

例 7　求 $\varphi(10\,080)$.

解　$\because 10\,080 = 2^5 \times 3^2 \times 5 \times 7$,

$\therefore \varphi(10\,080) = 10\,080\left(1-\frac{1}{2}\right)\left(1-\frac{1}{3}\right)\left(1-\frac{1}{5}\right)\left(1-\frac{1}{7}\right) = 2\,304.$

习题 2.2

1. 写出模 9 的一个完全剩余系,使得其中每个数都是奇数.

2. 求证:当 $m > 2$ 时,$\{0^2, 1^2, 2^2, \cdots, (m-1)^2\}$ 必不是模 m 的一个完全剩余系.

3. 写出模 5 的最小非负完全剩余系和绝对最小完全剩余系,并按同余关系建立这两个完全剩余系的一个一一对应关系.

4. 设 $x_1, x_2, \cdots, x_m$ 是模 m 的一个完全剩余系,求证:

当 m 是奇数时,$\sum_{k=1}^{m} x_k \equiv 0 \pmod{m}$;

当 m 是偶数时,$\sum_{k=1}^{m} x_k \equiv \frac{m}{2} \pmod{m}$.

5. 求证:任一整数的立方被 7 除,所得余数只能是 0, 1, 6 三者之一.

6. 模 200 的简化剩余系由多少个数组成?

7. 求分母不超过 10 的所有最简真分数的个数与它们的和.

8. 求证:满足 $\varphi(m) = 14$ 的正整数 m 不存在.

9. 已知正整数 N 仅有质约数 3, 5, 7,且 $\varphi(N) = 3\,600$,求 N.

10. 设 n 为正整数,p 为质数,求证:$\sum_{k=0}^{n} \varphi(p^k) = p^n$.

第 3 节　费马小定理和欧拉定理

在第一章我们曾经从整除的角度介绍过费马小定理. 现在,我们从同余的角度再看费马小定理.

第一章的表述是:设 a 为整数,p 为质数,若 $p \nmid a$,则 $p \mid (a^{p-1} - 1)$.

从同余的角度看,

$$p \mid (a^{p-1} - 1) \Leftrightarrow a^{p-1} = pq + 1 \Leftrightarrow a^{p-1} \equiv 1 \pmod{p}.$$

而 $p \nmid a \Leftrightarrow (p, a) = 1$,故用同余可表述费马小定理如下.

定理 1 设 a 为整数,p 为质数,若 $(p, a) = 1$,则 $a^{p-1} \equiv 1 \pmod p$.

证明 $\because$ p 为质数,$\therefore$其最小非负完全剩余系为

$$0, 1, 2, \cdots, p-1.$$

$\because (p, a) = 1$, $\therefore 0a, a, 2a, 3a, \cdots, (p-1)a$ 是 p 的一个完全剩余系.其中每个数都与且只与最小非负完全剩余系中的一个数取自同一个剩余类,即对模 p 同余.

尽管我们不能确定两个完全剩余系中的各对数的同余关系,但总有

$$a \cdot 2a \cdot 3a \cdot \cdots \cdot (p-1)a \equiv 1 \cdot 2 \cdot 3 \cdot \cdots \cdot (p-1) \pmod p,$$

$\therefore a^{p-1}[1 \cdot 2 \cdot 3 \cdot \cdots \cdot (p-1)] \equiv 1 \cdot 2 \cdot 3 \cdot \cdots \cdot (p-1) \pmod p$.

$\because (k, p) = 1(k = 1, 2, \cdots, p-1)$, $\therefore (1 \cdot 2 \cdot 3 \cdot \cdots \cdot (p-1), p) = 1$.

$\therefore a^{p-1} \equiv 1 \pmod p$.

例 1 某年儿童节是星期五,这以后的第 47^{37} 天是星期几?

解 由费马小定理知,

$47^{7-1} = 47^6 \equiv 1 \pmod 7$, $37 \equiv 1 \pmod 6$,

$47^{37} = 47^{6\times6+1} \equiv 47 \equiv 5 \pmod 7$,

$5 + 5 \equiv 3 \pmod 7$.

那天是星期三.

例 2 求 17 除 $47^{7\,385}$ 的余数.

解 $\because$ 17 为质数,17 与 47 互质,

$\therefore 47^{16} \equiv 1 \pmod{17}$.

$\because 7\,385 = 16 \times 461 + 9$,

$$\begin{aligned}\therefore 47^{7\,385} &= (47^{16})^{461} \cdot 47^9 \equiv 47^9 \equiv (-4)^9 = (-4)^8(-4) \\ &= (4^2)^4(-4) \equiv (-1)^4(-4) = -4 \equiv 13 \pmod{17}.\end{aligned}$$

故余数是 13.

推论 设 a 为整数,p 为质数,则 $a^p \equiv a \pmod p$.

证明 若 $(p, a) = 1$,则 $a^{p-1} \equiv 1 \pmod p$.

同乘 a,则 $a^p \equiv a \pmod p$.

若 $(p, a) = p$,则 $a \equiv 0 \pmod p$, $a^p \equiv 0 \pmod p$,

$\therefore a^p \equiv a \pmod p$.

该命题的逆命题"设 a 为整数,若 $a^n \equiv a \pmod n$,则 n 为质数"是假命题.

满足同余式 $2^n \equiv 2 \pmod n$ 成立的合数 n 叫作**伪质数**.

例 3 求证:341 是伪质数.

证明 $341 = 11 \times 31$.

$\because 2^{11} \equiv 2 \pmod{11}$, $2^{31} \equiv 2 \pmod{31}$,

$\therefore 2^{341} = (2^{11})^{31} \equiv 2^{31} = (2^{11})^2 \times 2^9 \equiv 2^2 \times 2^9 = 2^{11} \equiv 2 \pmod{11}$,

$2^{341}=(2^{31})^{11}\equiv 2^{11}=2^{10}\times 2=1\,024\times 2=2\,048\equiv 2(\bmod 31)$.

$\because (11, 31)=1$, $\therefore 2^{341}\equiv 2(\bmod 11\times 31)\equiv 2(\bmod 341)$.

故 341 是伪质数.

341 是最小伪质数,561 也是一个伪质数,大家自己可试证一下.

在费马小定理中,$p-1$ 恰为不超过 p 的与 p 互质的正整数的个数 $\varphi(p)$,因此,费马小定理的结论也可表述为 $a^{\varphi(p)}\equiv 1(\bmod p)$.

那么,对一般正整数 m,是否有这样的结论成立呢? 我们有如下的欧拉定理.

定理 2　设 $m, a\in \mathbf{Z}$, $m>1$,若 $(m, a)=1$,则 $a^{\varphi(m)}\equiv 1(\bmod m)$.

证明　设 $r_1, r_2, \cdots, r_{\varphi(m)}$ 是模 m 的一个简化剩余系,因为 $(m, a)=1$,则 $ar_1, ar_2, \cdots, ar_{\varphi(m)}$ 也是模 m 的一个简化剩余系,其中,每个数与且只与 $r_1, r_2, \cdots, r_{\varphi(m)}$ 中某个数对模 m 同余,故

$$ar_1\cdot ar_2\cdot\cdots\cdot ar_{\varphi(m)}\equiv r_1\cdot r_2\cdot\cdots\cdot r_{\varphi(m)}(\bmod m),$$

即 $a^{\varphi(m)}r_1r_2\cdots r_{\varphi(m)}\equiv r_1r_2\cdots r_{\varphi(m)}(\bmod m)$.

由于每一个 $r_1, r_2, \cdots, r_{\varphi(m)}$ 都与 m 互质,所以其乘积也与 m 互质. 故

$$a^{\varphi(m)}\equiv 1(\bmod m).$$

显然,费马小定理是欧拉定理的特例. 前者在 1640 年由费马提出但未证明,两者分别于 1737 年、1760 年由欧拉给出证明. 这是化简大指数幂值问题的有力工具.

例 4　用欧拉定理证明 341 是伪质数.

证明　$\because \varphi(341)=300$, $\therefore 2^{300}\equiv 1(\bmod 341)$.

$\because 2^{41}=(2^{10})^4\times 2=(341\times 3+1)^4\times 2\equiv 2(\bmod 341)$,

$\therefore 2^{341}=2^{300}\times 2^{41}\equiv 2(\bmod 341)$.

例 5　求 17^{218} 的末两位数.

解　$\because (17, 100)=1$, $\varphi(100)=40$, $\therefore 17^{40}\equiv 1(\bmod 100)$.

$\because 218=40\times 5+18$,

$\therefore 17^{218}\equiv 17^{18}=289^9\equiv(-11)^9=-11^9(\bmod 100)$.

$\because 11^2\equiv 21(\bmod 100)$, $11^4\equiv 41(\bmod 100)$, $11^8\equiv 81(\bmod 100)$,

$\therefore 11^9\equiv 81\times 11\equiv 91(\bmod 100)$, $-11^9\equiv -91\equiv 9(\bmod 100)$.

故末两位数是 09.

例 6　求 60 除 $13^{2\,018}$ 的余数.

解　$\because (13, 60)=1$, $\varphi(60)=16$, $\therefore 13^{16}\equiv 1(\bmod 60)$.

$\therefore 13^{2\,018}=13^{16\times 126+2}\equiv 13^2=169\equiv 49(\bmod 60)$.

故余数为 49.

由欧拉定理可知,若 $m, a\in \mathbf{Z}$, $m>1$, $(m, a)=1$,则 $a^{\varphi(m)}\equiv 1(\bmod m)$.

但使得 $a^h\equiv 1(\bmod m)$ 成立的 h 可能小于 $\varphi(m)$. 例如,当 $m=8$, $a=5$ 时,$h=2$, $h=\varphi(8)=4$ 都满足 $5^h\equiv 1(\bmod 8)$.

如何找到使得 $a^h\equiv 1(\bmod m)$ 成立的最小 h 呢?我们有如下定理.

定理3 设 $m, a \in \mathbf{Z}, m > 1, (m, a) = 1$,若 k 是满足 $a^h \equiv 1 \pmod{m}$ 成立的所有正整数 h 中的最小者,则 $k \mid h$.

证明 $\because k \leqslant h$, $\therefore$ 可设 $h = kq + r(0 \leqslant r < k)$,则

$$a^h = a^{kq+r} = (a^k)^q a^r.$$

$\because a^h \equiv 1 \pmod{m}$, $a^k \equiv 1 \pmod{m}$,

$\therefore a^r \equiv 1 \pmod{m}$.

而 k 是满足 $a^h \equiv 1 \pmod{m}$ 成立的所有正整数 h 中的最小者,故 $r = 0$.

故 $k \mid h$.

推论 设 $m, a \in \mathbf{Z}, m > 1, (m, a) = 1$,若 k 是满足 $a^h \equiv 1 \pmod{m}$ 成立的所有正整数 h 中的最小者,则 $k \mid \varphi(m)$.

该推论告诉我们,欲求 k,只要在 $\varphi(m)$ 的正因数中去找即可.

例7 求使 $5^h \equiv 1 \pmod{21}$ 成立的最小正整数.

解 $(5, 21) = 1$, $\varphi(21) = 12$,由欧拉定理当然有 $5^{12} \equiv 1 \pmod{21}$.

12的正因数有1, 2, 3, 4, 6, 12.逐个试验:

$5^1 \equiv 5 \pmod{21}$, $5^2 \equiv 4 \pmod{21}$, $5^3 \equiv 20 \pmod{21}$, $5^4 \equiv 16 \pmod{21}$,

$5^6 \equiv 4 \times 4 \times 4 = 64 \equiv 1 \pmod{21}$.

故使 $5^h \equiv 1 \pmod{21}$ 成立的最小正整数为6.

习题2.3

1. 求 314^{159} 被7除所得的余数.
2. 求 314^{162} 被163除所得的余数.
3. 求 $1\,994^{1\,993}$ 的末两位数.
4. 求 $65^{2\,000}$ 被8除所得的余数.
5. 判断 $49^4 - 1$ 可否被15整除.
6. 求证: $7 \mid (2\,222^{5\,555} + 5\,555^{2\,222})$.
7. 设 p 为质数, a, b 为整数,求证: $(a+b)^p \equiv a^p + b^p \pmod{p}$.
8. 设 p, q 为互异质数, a 为整数,且 $a^p \equiv a \pmod{q}$, $a^q \equiv a \pmod{p}$,求证:
$$a^{pq} \equiv a \pmod{pq}.$$
9. 设 $(m, n) = 1$,求证: $m^{\varphi(n)} + n^{\varphi(m)} \equiv 1 \pmod{mn}$.
10. 求使 $18^h \equiv 1 \pmod{77}$ 成立的最小正整数.

第4节 分数与小数的互化

在小学大家已经知道,分子小于分母的分数叫作**真分数**,分子不小于分母的分数叫

作**假分数**,分子与分母互质的分数叫作**既约分数**或**最简分数**.

大家还知道,整数部分为 0 的小数叫作**纯小数**,整数部分不为 0 的小数叫作**带小数**.

不难理解,讨论分数与小数的互化问题,只要讨论既约真分数与纯小数的互化就足够了.因此,在下面的讨论中,我们提到的分数或小数,如无特别说明,仅限于既约真分数和纯小数.

引例　直接作除法可得

$$\frac{1}{4}=0.25,\qquad \frac{7}{125}=0.056;$$

$$\frac{1}{3}=0.333\cdots,\qquad \frac{1}{7}=0.142\,857\,142\,857\cdots;$$

$$\frac{8}{15}=0.533\,3\cdots,\qquad \frac{23}{990}=0.023\,232\,3\cdots.$$

第 1, 2, 3 行的结果,分别叫作有限小数、无限纯循环小数、无限混循环小数.

一般地,定义如下.

定义 1　设 a_1, a_2, …, a_n, …在 10 个数字 0～9 中任意取值但不都取 0,把 $\frac{a_1}{10}+\frac{a_2}{10^2}+\cdots+\frac{a_n}{10^n}+\cdots$ 记作 $\overline{0.a_1a_2\cdots a_n\cdots}$,则称其为纯小数,本书中简称小数.若其中每一个 a_s 后面都存在 $a_k\neq 0$(s, $k\in\mathbf{N}^*$, $k>s$),则称其为无限小数;若其中存在某一个 $a_s\neq 0$,而它后面每一个 $a_k=0$,简记作 $\overline{0.a_1a_2\cdots a_s}$,则称其为 s 位有限小数.

定义 2　在无限小数 $\overline{0.a_1a_2\cdots a_n\cdots}$ 中,若存在 $s\in\mathbf{N}$, $t\in\mathbf{N}^*$,使得 $a_{s+i}=a_{s+kt+i}$ ($i=1, 2, \cdots, t$; $k=1, 2, \cdots$),则称此无限小数为无限循环小数,记作 $\overline{0.a_1a_2\cdots a_s\dot{a}_{s+1}a_{s+2}\cdots\dot{a}_{s+t}}$;若这样的 s 和 t 不存在,则称此无限小数为无限不循环小数.

无限循环小数的表示方法不是唯一的,但通常取 s 和 t 的最小允许值,使得表示结果最简单.

例如,$0.3\dot{6}\dot{3}=0.\dot{3}\dot{6}$, $2.54\dot{7}9\dot{4}=2.5\dot{4}7\dot{9}$, $5.3\dot{7}8\,578\,\dot{5}=5.3\dot{7}8\dot{5}$.

定义 3　在无限循环小数 $\overline{0.a_1a_2\cdots a_s\dot{a}_{s+1}a_{s+2}\cdots\dot{a}_{s+t}}$ 中,若 s 和 t 分别是满足定义 2 条件的最小自然数和最小正整数,则称 $\overline{a_1a_2\cdots a_s}$ 为该无限循环小数的不循环部分,s 为不循环部分的位数;称 $\overline{a_{s+1}a_{s+2}\cdots a_{s+t}}$ 为该无限循环小数的循环节,t 为循环节的长度.

特别地,当 $s=0$ 时,称该无限循环小数为纯循环小数;当 $s\neq 0$ 时,称为混循环小数.

- 小数
  - 有限小数
  - 无限小数
    - 循环小数
      - 纯循环小数
      - 混循环小数
    - 不循环小数

我们要探讨的问题是:一个分数在什么条件下可以化为有限小数、无限纯循环小数、无限混循环小数?反之,怎样的小数可以化为分数?如何化?

1. 既约真分数与有限纯小数的互化

在小学我们已经知道,当既约分数的分母只含质因数2或5时,该分数可以化为有限小数,反之亦然.下面我们给出定理并加以证明.

定理1 既约真分数$\frac{a}{b}$可以化为有限纯小数$\Leftrightarrow b$只含质因数2或5.当$b=2^{\alpha}\cdot 5^{\beta}$($\alpha,\beta\in\mathbf{N}$且不都为0)时,$\frac{a}{b}$可以化为位数是$s=\max\{\alpha,\beta\}$的有限纯小数.

证明 必要性.

设$\frac{a}{b}=\overline{0.a_1a_2\cdots a_s}(a_s\neq 0)$,则$\frac{a\cdot 10^s}{b}=\overline{a_1a_2\cdots a_s}\in\mathbf{N}^*$,故$b\mid a\cdot 10^s$.

而$\frac{a}{b}$是既约分数,即$(a,b)=1$,故$b\mid 10^s$.

即b只含质因数2或5,不含2和5以外的质因数.

充分性.

设$b=2^{\alpha}\cdot 5^{\beta}$,当$\alpha\geqslant\beta\geqslant 0$时,$\frac{a}{b}=\frac{a}{2^{\alpha}\cdot 5^{\beta}}=\frac{a\cdot 5^{\alpha-\beta}}{10^{\alpha}}$,而$\frac{a}{b}$是真分数,故

$$a\cdot 5^{\alpha-\beta}<10^{\alpha}.$$

由十进制表示法可设

$$a\cdot 5^{\alpha-\beta}=a_1\cdot 10^{\alpha-1}+a_2\cdot 10^{\alpha-2}+\cdots+a_{\alpha-1}\cdot 10+a_{\alpha},$$

其中,$a_i(i=1,2,\cdots,\alpha)$取数字$0\sim 9$.故

$$\frac{a}{b}=\frac{a_1}{10}+\frac{a_2}{10^2}+\cdots+\frac{a_{\alpha}}{10^{\alpha}}=\overline{0.a_1a_2\cdots a_{\alpha}}.$$

即$\frac{a}{b}$可以化为α位的有限纯小数.

当$0\leqslant\alpha<\beta$时,同理可证,$\frac{a}{b}$可以化为β位的有限纯小数.

总之,$\frac{a}{b}$可化为位数是$s=\max\{\alpha,\beta\}$的有限小数.

要把一个具体的分母只含质因数2或5的分数化为有限小数,可以用两种方法:

其一,直接用分子除以分母;

其二,用定理证明过程中的化十进分数的方法.

例如,$\frac{29}{80}=\frac{29}{2^4\times 5}=\frac{29\times 5^3}{10^4}=0.3625$.

例1 求证:有限小数$\overline{0.a_1a_2\cdots a_s}(a_s\neq 0)$可以化为既约真分数.

证明 因为$\overline{0.a_1a_2\cdots a_s}=\frac{a_1\cdot 10^{s-1}+a_2\cdot 10^{s-2}+\cdots+a_{s-1}\cdot 10+a_s}{10^s}$,设该分数的分子和分母的最大公因数为$d$,且

$$a_1 \cdot 10^{s-1} + a_2 \cdot 10^{s-2} + \cdots + a_{s-1} \cdot 10 + a_s = ad,\ 10^s = bd,$$

则 $\overline{0.\,a_1a_2\cdots a_s} = \dfrac{a}{b}$，且 $0 < a < b$，$(a,\ b) = 1$.

本题的证明过程给出了具体化法.

例如，$0.12 = \dfrac{12}{100} = \dfrac{3}{25}$，$7.6 = 7 + 0.6 = 7 + \dfrac{6}{10} = 7 + \dfrac{3}{5} = \dfrac{38}{5}$.

2. 既约真分数与纯循环小数的互化

在小学我们也知道，当既约分数的分母只含 2 和 5 以外的质因数时，该分数可以化为纯循环小数，反之亦然. 下面给出定理并加以证明.

定理 2　既约真分数 $\dfrac{a}{b}$ 可以化为纯循环小数 $\Leftrightarrow (b,\ 10) = 1$. 此时，$\dfrac{a}{b}$ 化成的纯循环小数循环节长度 t 是满足 $10^t \equiv 1 \pmod b$ 的最小正整数.

证明　必要性.

设 $\dfrac{a}{b} = \overline{0.\,\dot{a}_1a_2\cdots\dot{a}_t}$（$a_1,\ a_2,\ \cdots,\ a_t$ 在数字 $0 \sim 9$ 中取值，且不都取 0），两边同乘 10^t，得到 $\dfrac{a \cdot 10^t}{b} = \overline{a_1a_2\cdots a_t} + \overline{0.\,\dot{a}_1a_2\cdots\dot{a}_t}$.

设 $q = \overline{a_1a_2\cdots a_t}$，则 $\dfrac{a \cdot 10^t}{b} = q + \dfrac{a}{b}$，从而

$$a \cdot (10^t - 1) = bq,\ b \mid a \cdot (10^t - 1).$$

由 $(a,\ b) = 1$，可得 $b \mid (10^t - 1)$，故 $(b,\ 10) = 1$.

即 b 只含 2 和 5 以外的质因数.

充分性.

因为 $(b,\ 10) = 1$，不妨设 t 是满足 $10^t \equiv 1 \pmod b$ 的最小正整数，则

$$10^t = bk + 1\ (k \in \mathbf{N}^*),$$

两边同乘 $\dfrac{a}{b}$，并整理可得 $10^t \cdot \dfrac{a}{b} - \dfrac{a}{b} = ka$.

由 $a,\ k \in \mathbf{N}^*$ 可知 $ak \in \mathbf{N}^*$，故上式表明 $10^t \cdot \dfrac{a}{b}$ 与 $\dfrac{a}{b}$ 小数部分相同.

设 $\dfrac{a}{b} = \overline{0.\,a_1a_2\cdots a_ta_{t+1}a_{t+2}\cdots}$（$a_1,\ a_2,\ \cdots$ 在数字 $0 \sim 9$ 中取值，且不都取 0，也不都取 9），则

$$10^t \cdot \frac{a}{b} = \overline{a_1a_2\cdots a_t} + \overline{0.\,a_{t+1}a_{t+2}\cdots}.$$

于是有 $a_{t+1} = a_1,\ a_{t+2} = a_2,\ \cdots,\ a_{2t} = a_t$.

同理，在 $10^t \cdot \dfrac{a}{b} - \dfrac{a}{b} = ka$ 两边同乘 10^t，又可得

$$a_{2t+1}=a_{t+1},\ a_{2t+2}=a_{t+2},\ \cdots,\ a_{3t}=a_{2t}.$$
$$\cdots\cdots$$

故 $\dfrac{a}{b}=\overline{0.\dot{a}_1a_2\cdots\dot{a}_t}$,且其循环节长度为 t.

从证明过程中的 $b\mid(10^t-1)$ 可知,循环节长度 t 与 $b\mid(10^t-1)=\overbrace{99\cdots9}^{t个}$ 时 9 的最少个数相同.

例 2 先求$\dfrac{7}{11}$, $\dfrac{21}{37}$, $\dfrac{22}{7}$化成小数时的循环节长度,再化成循环小数.

解 因为三个分数的分母不含质因数 2 或 5,所以均可化为纯循环小数.

$\because$ $11\mid 99$, $37\mid 999$, $7\mid 999\,999$, $\therefore$ $\dfrac{7}{11}$, $\dfrac{21}{37}$, $\dfrac{22}{7}$化成小数时循环节长度分别为 2, 3, 6.

计算$\dfrac{7}{11}$所化成小数的循环节的长度 t,也可用如下过程(余者类似):

由定理 2 可知,t 是满足 $10^n\equiv 1\pmod{11}$ 的正整数 n 中的最小者.

$\because$ $10^{\varphi(11)}=10^{10}\equiv 1\pmod{11}$, $1\mid 10$, $2\mid 10$, $5\mid 10$, $10\mid 10$,

$10^1\not\equiv 1\pmod{11}$, $10^2\equiv 1\pmod{11}$,

$\therefore$ $t=2$.

由于我们事前已经计算知道了循环节长度,所以,实际化小数时,直接用分子除以分母,只要除得第一个循环节就可以停下来写出结果.

$\dfrac{7}{11}=0.\dot{6}\dot{3}$, $\qquad \dfrac{21}{37}=0.\dot{5}6\dot{7}$, $\qquad \dfrac{22}{7}=3.\dot{1}4285\dot{7}$.

例 3 求证:纯循环小数$\overline{0.\dot{a}_1a_2\cdots\dot{a}_t}$可以化为分数.

证明 设 $a=\overline{0.\dot{a}_1a_2\cdots\dot{a}_t}$,则

$$10^t\cdot a=\overline{a_1a_2\cdots a_t}+\overline{0.\dot{a}_1a_2\cdots\dot{a}_t}=\overline{a_1a_2\cdots a_t}+a.$$

解之得 $a=\dfrac{\overline{a_1a_2\cdots a_t}}{10^t-1}=\dfrac{\overline{a_1a_2\cdots a_t}}{\underbrace{99\cdots9}_{t个}}$,即

$$\overline{0.\dot{a}_1a_2\cdots\dot{a}_t}=\frac{\overline{a_1a_2\cdots a_t}}{\underbrace{99\cdots9}_{t个}}.$$

这是一个分数,其分子是一个循环节构成的正整数,分母是 t 个 9 构成的正整数,可以作为公式使用.

例如, $0.\dot{5}\dot{7}=\dfrac{57}{99}=\dfrac{19}{33}$.

纯循环小数化分数,也可以用上述公式的推导过程即构造方程的方法求得,而不用记忆公式.

例如, $x=0.\dot{5}\dot{7}=0.57+\dfrac{0.\dot{5}\dot{7}}{100}=\dfrac{57}{100}+\dfrac{x}{100}$,故 $99x=57$, $x=\dfrac{19}{33}$.

还可以用无穷递缩等比数列各项和公式求得.

例如，$0.\dot{5}\dot{7}=\frac{57}{100}+\frac{57}{100^2}+\cdots=\frac{\frac{57}{100}}{1-\frac{1}{100}}=\frac{19}{33}$.

3. 既约真分数与混循环小数的互化

在小学我们还知道，当既约分数的分母既含有质因数 2 或 5，又含有 2 和 5 以外的质因数时，该分数可以化为混循环小数，反之亦然. 下面我们给出定理并加以证明.

定理 3　既约真分数$\frac{a}{b}$可以化为混循环小数$\Leftrightarrow b$既含质因数 2 或 5，又含 2 和 5 以外的质因数.

当 $b=2^{\alpha}\cdot 5^{\beta}\cdot b_1[\alpha, \beta\in\mathbf{N}$ 且不都为 0，$b_1>1$，$(b_1, 10)=1]$ 时，$\frac{a}{b}$ 化成的混循环小数，不循环部分的位数是 $s=\max\{\alpha, \beta\}$，循环部分循环节的长度 t 是满足 $10^t\equiv 1(\bmod b_1)$ 的最小正整数.

证明　必要性.

若 b 只含质因数 2 或 5，则由定理 1 可知，$\frac{a}{b}$可以化为有限小数，这与已知它可化为混循环小数矛盾，故 b 含 2 和 5 以外的质因数.

同理，若 b 只含 2 和 5 以外的质因数，由定理 2 可知，$\frac{a}{b}$可以化为纯循环小数，这也与已知它可以化为混循环小数矛盾，故 b 含质因数 2 或 5.

总之，b 既含质因数 2 或 5，又含 2 和 5 以外的质因数.

充分性.

设 $b=2^{\alpha}\cdot 5^{\beta}\cdot b_1[\alpha, \beta\in\mathbf{N}$ 且不都为 0，$b_1>1$，$(b_1, 10)=1]$.

当 $\alpha\geqslant\beta\geqslant 0$ 时，

$$\frac{a}{b}=\frac{a}{2^{\alpha}\cdot 5^{\beta}\cdot b_1}=\frac{a\cdot 5^{\alpha-\beta}}{b_1}\times\frac{1}{10^{\alpha}},\ 10^{\alpha}\cdot\frac{a}{b}=\frac{a\cdot 5^{\alpha-\beta}}{b_1}.$$

$\because (a, b)=1$，$\therefore (a, b_1)=1$.

$\because (10, b_1)=1$，$\therefore (5^{\alpha-\beta}, b_1)=1$，$\therefore (a\cdot 5^{\alpha-\beta}, b_1)=1$.

设 $a\cdot 5^{\alpha-\beta}=b_1q+r(0<r<b_1)$，则$\frac{a\cdot 5^{\alpha-\beta}}{b_1}=q+\frac{r}{b_1}$.

$\because (b_1, r)=(a\cdot 5^{\alpha-\beta}, b_1)=1$，$(10, b_1)=1$，

$\therefore$由定理 2 可知，$\frac{r}{b_1}$ 从而$\frac{a\cdot 5^{\alpha-\beta}}{b_1}$ 可以化为纯循环小数，且其循环节的长度 t 是满足 $10^t\equiv 1(\bmod b_1)$ 的最小正整数.

设 $\frac{a\cdot 5^{\alpha-\beta}}{b_1}=\overline{q.\dot{a}_1a_2\cdots\dot{a}_t}$，则

$$\frac{a}{b}=\frac{a\cdot 5^{\alpha-\beta}}{b_1}\times\frac{1}{10^{\alpha}}=\overline{q.\dot{a}_1a_2\cdots\dot{a}_t}\times\frac{1}{10^{\alpha}}.$$

即纯循环小数 $\overline{q.\dot{a}_1a_2\cdots\dot{a}_t}$ 的小数点向左移动 $\alpha=s$ 位，所得到的混循环小数，即为分数 $\frac{a}{b}$ 化成的混循环小数，其不循环部分的位数为 $\alpha=s$，循环节的长度为 t.

当 $\beta>\alpha\geqslant 0$ 时，同理可证.

总之，既约真分数 $\frac{a}{b}$ 可以化为混循环小数，其不循环部分的位数和循环节的长度如定理所述.

例 4 把分数 $\frac{7}{22}$，$\frac{11}{150}$ 化成小数.

解 $\because 22=2\times 11$，$11\mid 99$，$\therefore \frac{7}{22}$ 可以化为混循环小数，其不循环部分的位数与 2 的指数 1 相同，循环节的长度与 11 整除 99 的 9 的个数 2 相同.

用 7 除以 22 即可得到结果 $\frac{7}{22}=0.3\dot{1}\dot{8}$.

$\because 150=2\times 5^2\times 3$，$3\mid 9$，$\therefore \frac{11}{150}$ 可以化为混循环小数，其不循环部分的位数是 2，循环节的长度是 1.

用 11 除以 150 即可得到结果 $\frac{11}{150}=0.07\dot{3}$.

例 5 求证：混循环小数 $\overline{0.a_1a_2\cdots a_s\dot{a}_{s+1}a_{s+2}\cdots\dot{a}_{s+t}}$ 可以化为分数.

证明 设 $a=\overline{0.a_1a_2\cdots a_s\dot{a}_{s+1}a_{s+2}\cdots\dot{a}_{s+t}}$，则由例 3 可得

$$\begin{aligned}a\cdot 10^s&=\overline{a_1a_2\cdots a_s}+\overline{0.\dot{a}_{s+1}a_{s+2}\cdots\dot{a}_{s+t}}\\&=\overline{a_1a_2\cdots a_s}+\frac{\overline{a_{s+1}a_{s+2}\cdots a_{s+t}}}{10^t-1},\end{aligned}$$

故

$$\begin{aligned}a&=\overline{a_1a_2\cdots a_s}\cdot\frac{1}{10^s}+\frac{\overline{a_{s+1}a_{s+2}\cdots a_{s+t}}}{10^t-1}\cdot\frac{1}{10^s}\\&=\frac{\overline{a_1a_2\cdots a_s}\cdot(10^t-1)+\overline{a_{s+1}a_{s+2}\cdots a_{s+t}}}{(10^t-1)\cdot 10^s}\\&=\frac{(\overline{a_1a_2\cdots a_s}\cdot 10^t+\overline{a_{s+1}a_{s+2}\cdots a_{s+t}})-\overline{a_1a_2\cdots a_s}}{(10^t-1)\cdot 10^s}\\&=\frac{\overline{a_1a_2\cdots a_sa_{s+1}a_{s+2}\cdots a_{s+t}}-\overline{a_1a_2\cdots a_s}}{(10^t-1)\cdot 10^s}\\&=\frac{\overline{a_1a_2\cdots a_sa_{s+1}a_{s+2}\cdots a_{s+t}}-\overline{a_1a_2\cdots a_s}}{\underbrace{99\cdots9}_{t个}\underbrace{00\cdots0}_{s个}}.\end{aligned}$$

这是一个分数，其分子是不循环部分第一个数字到第一个循环节末位数字组成的

数,减去不循环部分的数字组成的数;分母是循环节的长度 t 个 9 与不循环部分的位数 s 个 0 组成的数.

例如,$0.13\dot{2}=\frac{132-13}{900}=\frac{119}{900}$, $0.72\dot{4}\dot{5}=\frac{7\,245-72}{9\,900}=\frac{797}{1\,100}$.

当然,混循环小数化分数,也可以用本公式推导的过程即构造方程的方法直接求得,还可以用无穷递缩等比数列各项和公式求得,请读者自己试解上述二例.

值得指出的是,作为本节例 3 和例 5 的特例,分别可以得到 $0.\dot{9}=1$ 和 $0.5\dot{9}=\frac{3}{5}=0.6$,这与本节三个定理并不矛盾. 定理中的数都是最简形式表示的数,此处用循环节为 9 的循环小数表示显然不是最简形式. 小数比较大小的前提也是小数须用最简形式表示,不要用这里的问题去难为小学生.

通过上面的学习大家已经知道,有限小数和循环小数可以和分数互化. 值得指出的是,有限小数和循环小数构成有理数集,有理数集与分数集对等,而无限不循环小数是无理数,因此,无限不循环小数不能化为分数(也可用本节 3 个定理反证).

习题 2.4

1. 指出下列循环小数的不循环部分和循环节:

(1) 0.010 010 001 000 100 01…;

(2) 0.999 099 909 999 099 990 99….

2. 用循环小数的记号写出下列循环小数:

(1) 0.427 676…;　　(2) 6.504 04…;

(3) 0.113 813 8…;　　(4) 0.007 500 75…;

(5) 2.116 281 628…;　　(6) 5.424 224 242 242 4….

3. 指出下列分数哪些能化成有限小数、纯循环小数、混循环小数,并求出相应的位数或循环节长度,最后把它们化成小数.

$\frac{31}{500}$,　　$\frac{373}{625}$,　　$\frac{4}{13}$,

$\frac{21}{37}$,　　$\frac{9}{74}$,　　$\frac{469}{110}$.

4. 把下列小数化成既约分数:

0.025,　　0.333,　　$0.\dot{4}\dot{5}$,

$0.\dot{9}38\dot{7}$,　　$0.8\dot{1}$,　　$0.42\dot{6}\dot{3}$.

5. 求一个正整数 b,使之满足 $1.36\dot{5}\times b-1.365\times b=1.2$.

6. 求证:当 $b=2^{\alpha}\cdot5^{\beta}\cdot b_1[\alpha,\beta\in\mathbf{N},\beta>\alpha\geqslant0,b_1>1,(b_1,10)=1]$ 时,既约

真分数$\frac{a}{b}$可以化成混循环小数，且不循环部分的位数是β，循环部分循环节的长度t是满足$10^t \equiv 1 \pmod{b_1}$的最小正整数.

第5节　一元一次同余方程

前面介绍了同余的概念、性质和应用，介绍了有关剩余类和剩余系的知识，以及费马小定理和欧拉定理.本节在此基础上介绍一元一次同余方程的概念和解法.

定义1　设a, b为整数常数，m为大于1的正整数，x为未知整数，若$a \not\equiv 0 \pmod m$，则称$ax \equiv b \pmod m$为一元一次同余方程，简称同余方程.

定义2　若存在整数c，使得$ac \equiv b \pmod m$成立，则称$x \equiv c \pmod m$为同余方程$ax \equiv b \pmod m$的一个解；求同余方程解的过程，叫作解同余方程.

由同余方程解的定义可见，同余方程的解不是一个数，而是满足同余方程的一类数，即模m的一个剩余类$c + km$(k为整数).

下面讨论同余方程有无解的判断和有解时的求法.

先介绍无解的判断定理.

定理1　设$(a, m) = d$，若$d \nmid b$，则方程$ax \equiv b \pmod m$无解.

证明　设有整数c满足$ax \equiv b \pmod m$，即$ac \equiv b \pmod m$，则$m \mid (ac - b)$.

又设$ac - b = mn (n \in \mathbf{Z})$，则$b = ac - mn$.

$\because d|a, d|m$，$\therefore d|b$，这与已知矛盾.

故不存在这样的整数c满足$ax \equiv b \pmod m$，即同余方程无解.

例1　判定下列同余方程哪个无解：

(1) $4x \equiv 1 \pmod{15}$；　　(2) $4x \equiv 1 \pmod{10}$；

(3) $6x - 3 \equiv 0 \pmod{10}$；　　(4) $ax + b \equiv 0 \pmod m$.

解　(1) 因为$(4, 15) = 1 \mid 1$，故可能有解(后面可知有解).

(2) 因为$(4, 10) = 2 \nmid 1$，故无解.

(3) 因为$(6, 10) = 2 \nmid 3$，故无解.

(4) 当$(a, m) \nmid (-b)$时，无解；当$(a, m) \mid (-b)$时，可能有解.

上例解(1)中，结论是可能有解，究竟是有还是无解？如果有，有多少？如何求？这是我们自然应当进一步研究的问题.为此，我们有如下定理.

定理2　若$(a, m) = 1$，则$ax \equiv b \pmod m$有唯一解.

证明　(1) 存在性(证明是构造性的，即给出了求解方法).

方法1　$\because (a, m) = 1$，由第一章欧拉算法可知，存在整数s, t，使$as + mt = 1$，$\therefore asb + mtb = b$, $a(sb) \equiv b \pmod m$，故$x \equiv sb \pmod m$是解.

方法2　$\because (a, m) = 1$，由欧拉定理可知，$a^{\varphi(m)} \equiv 1 \pmod m$，

$\therefore ba^{\varphi(m)} \equiv b \pmod m$.

$\therefore a(ba^{\varphi(m)-1}) \equiv b \pmod m$，$\therefore x \equiv ba^{\varphi(m)-1} \pmod m$.

(2) 唯一性(反证).

设同余方程有两个解：

$x \equiv r \pmod m$，$x \equiv q \pmod m$.

$\because ar \equiv b \pmod m$，$aq \equiv b \pmod m$，

$\therefore ar \equiv aq \pmod m$.

$\because (a, m) = 1$，$\therefore r \equiv q \pmod m$.

这与假设矛盾,故有唯一解.

例 2　解 $4x \equiv 1 \pmod{15}$.

解　因为 $(4, 15) = 1$,故有唯一解.

方法 1　由欧拉算法可得 $4 \times 4 - 15 = 1$,故 $4 \times 4 \equiv 1 \pmod{15}$,即唯一解为

$$x \equiv 4 \pmod{15}.$$

该法对系数、常数、模较大且关系不明者效果明显.

方法 2　$\because (4, 15) = 1$，$\varphi(15) = 8$,由欧拉定理可得 $4^8 \equiv 1 \pmod{15}$.

$\therefore x \equiv 4^7 \pmod{15}$.

化简得 $x \equiv 4 \pmod{15}$.

该法一般写解比较容易、化简比较麻烦.

方法 3　$4x \equiv 1 \equiv 1 + 15 = 16 \pmod{15}$. $\because (4, 15) = 1$，$\therefore x \equiv 4 \pmod{15}$.

可见,方法 3 是直接通过加模的整数倍,再约系数得解,比前两个方法要便于操作,直接求解.这种方法可称为**同解变形法**.

例 3　解 $14x \equiv 27 \pmod{31}$.

解　因为 $(14, 31) = 1$,故有唯一解.

$14x \equiv 27 \equiv 27 + 31 = 58 \pmod{31}$.

$\because (14, 58) = 2$，$(2, 31) = 1$，$\therefore 7x \equiv 29 \pmod{31}$.

$7x \equiv 29 \equiv 29 + 2 \times 31 = 91 \pmod{31}$.

$\therefore x \equiv 13 \pmod{31}$.

下面介绍多解的判断及求法.

定理 3　若 $(a, m) = d \mid b$,则同余方程 $ax \equiv b \pmod m$ 有 d 个解.

分析　当 $d = 1$ 时就是定理 2;需要证明存在 d 个解,找到即可;还要证明除了找到的 d 个之外,无其他解,可反证.

证明　(1) 存在性.

由已知可设 $a = d\alpha$，$m = d\beta$，$(\alpha, \beta) = 1$，$b = d\lambda$,代入原方程,得 $\alpha x \equiv \lambda \pmod \beta$.

$\because (\alpha, \beta) = 1$，$\therefore \alpha x \equiv \lambda \pmod \beta$ 有唯一解.

设解为 $x \equiv r \pmod \beta$ $(r = 0, 1, \cdots, \beta - 1)$,则 $\alpha r \equiv \lambda \pmod \beta$. 从而

$$d\alpha r \equiv d\lambda \pmod{d\beta}，ar \equiv b \pmod m，$$

$\therefore x \equiv r(\bmod m)$ 是 $ax \equiv b(\bmod m)$ 的一个解.

下面证明 $x \equiv r + k\beta(\bmod m)(k=0, 1, 2, \cdots, d-1)$ 都是 $ax \equiv b(\bmod m)$ 的解.

$\because ax \equiv a(r+k\beta) = ar + ak\beta = ar + d\alpha k\beta = ar + \alpha km \equiv ar(\bmod m)$,

$ar \equiv b(\bmod m)$,

$\therefore a(r+k\beta) \equiv b(\bmod m)$.

$\therefore x \equiv r + k\beta(\bmod m)(k=0, 1, 2, \cdots, d-1)$ 都是 $ax \equiv b(\bmod m)$ 的解.

下面用反证法证明 $x \equiv r + k\beta(\bmod m)(k=0, 1, 2, \cdots, d-1)$ 是 $ax \equiv b(\bmod m)$ 的 d 个不同解.

设其中两个

$$x \equiv r + k_1\beta(\bmod m),\ x \equiv r + k_2\beta(\bmod m)(k_1 \neq k_2,\ 0 \leqslant k_1 < d-1,\ 0 \leqslant k_2 \leqslant d-1)$$

是同余方程的解,则 $r + k_1\beta \equiv r + k_2\beta(\bmod m)$,从而 $k_1\beta \equiv k_2\beta(\bmod m)$.

$\because m = d\beta$, $\therefore k_1\beta \equiv k_2\beta(\bmod d\beta)$, $\therefore k_1 \equiv k_2(\bmod d)$, $\therefore d \mid (k_1 - k_2)$.

$\because 0 \leqslant k_1 < d-1$, $0 \leqslant k_2 \leqslant d-1$, $\therefore k_1 = k_2$. 与 $k_1 \neq k_2$ 矛盾.

故 $x \equiv r + k\beta(\bmod m)(k=0, 1, 2, \cdots, d-1)$ 是 $ax \equiv b(\bmod m)$ 的 d 个不同的解.

(2) 唯一性.

设原同余方程除了上述 d 个解之外,还有一个解 $x \equiv s(\bmod m)$,而上述 d 个解中的一个是 $x \equiv r(\bmod m)$,则 $as \equiv b(\bmod m)$, $ar \equiv b(\bmod m)$,故 $as \equiv ar(\bmod m)$.

$\because (a, m) = 1$, $\therefore s \equiv r(\bmod m)$. $\because m = d\beta$, $\therefore s \equiv r(\bmod \beta)$.

$\therefore s = r + k\beta(k \in \mathbf{Z})$.

由于 $x \equiv s(\bmod m)$ 是 d 个解之外的一个,故 $k < 0$ 或 $k \geqslant d$.

设 $k = dq + l(l = 0, 1, 2, \cdots, d-1)$,则

$$s = r + k\beta = r + (dq + l)\beta = r + l\beta + dq\beta = r + l\beta + mq.$$

故 $s \equiv r + \beta l(\bmod m)$.

而由(1)可知,这是同余方程的(1)中提到的 d 个解中的一个,这与假设它是那 d 个解之外的一个矛盾.

故那 d 个解之外不存在解.

例4 解同余方程 $6x \equiv 15(\bmod 33)$.

解 因为 $(6, 33) = 3 \mid 15$,所以有3个解. 由原同余方程可得 $2x \equiv 5(\bmod 11)$. 因为 $(2, 11) = 1$,所以 $2x \equiv 5(\bmod 11)$ 有唯一解.

$2x \equiv 5 \equiv 5 + 11 = 16(\bmod 11)$,所以 $x \equiv 8(\bmod 11)$ 是 $2x \equiv 5(\bmod 11)$ 的唯一解.

故原同余方程的3个解为:

$$x \equiv 8(\bmod 33),\ x \equiv 8 + 11 = 19(\bmod 33),\ x \equiv 8 + 11 \times 2 = 30(\bmod 33).$$

值得注意的是,若 $x \equiv r\left(\bmod \dfrac{m}{(a, m)}\right)$ 是 $\dfrac{a}{(a, m)}x \equiv \dfrac{b}{(a, m)}\left(\bmod \dfrac{m}{(a, m)}\right)$ 唯一

的那个解,则

$$x \equiv r + k \cdot \frac{m}{(a, m)} \pmod{m} \quad [k = 0, 1, 2, \cdots, (a, m) - 1]$$

是同余方程 $ax \equiv b \pmod{m}$ 的 $(a, m) = d$ 个解.

同余符号前是 $\frac{m}{(a, m)}$ 的 k 倍,而非 m 的 k 倍.

例 5　解同余方程 $111x \equiv 75 \pmod{321}$.

解　因为 $(111, 321) = 3 \mid 75$,所以有 3 个解.

因为 $321 = 3 \times 107$,所以由原同余方程可得 $37x \equiv 25 \pmod{107}$(等价于第一章第 5 节例 9,在此练习同解变形法),从而

$$37x - 107x \equiv 25 \pmod{107}.$$

即 $-14x \equiv 5 \pmod{107}$,故 $-14x \equiv 5 + 107 = 112 \pmod{107}$, $x \equiv -8 \pmod{107}$.

故原同余方程的 3 个解为:

$$x \equiv -8 \pmod{321},$$
$$x \equiv -8 + 107 = 99 \pmod{321},$$
$$x \equiv -8 + 2 \times 107 = 206 \pmod{321}.$$

例 6　解同余方程 $1\,296x \equiv 1\,125 \pmod{1\,935}$.

解　$(1\,296, 1\,935) = 9 \mid 1\,125$,故有 9 个解.

由原同余方程得 $144x \equiv 125 \pmod{215}$,则 $144x \equiv 125 - 215 = -90 \pmod{215}$. 即 $8x \equiv -5 \pmod{215}$,故 $8x \equiv -5 - 215 = -220 \pmod{215}$,故 $2x \equiv -55 \pmod{215}$,进而 $2x \equiv -55 + 215 = 160 \pmod{215}$,故 $x \equiv 80 \pmod{215}$.

故原同余方程的 9 个解为: $x \equiv 80 + 215k \pmod{1\,935}$ $(k = 0, 1, \cdots, 8)$.

习题 2.5

1. 判断下列同余方程有无解、有几个解:

(1) $3x \equiv 3 \pmod{3}$;　　(2) $3x \equiv 1 \pmod{10}$;

(3) $5x \equiv 1 \pmod{10}$;　　(4) $7x \equiv 9 \pmod{8}$;

(5) $660x \equiv 595 \pmod{1\,385}$.

2. 解下列同余方程:

(1) $5x \equiv 1 \pmod{6}$;　　(2) $3x \equiv 8 \pmod{4}$;

(3) $2x \equiv 1 \pmod{17}$;　　(4) $9x \equiv 4 \pmod{2\,401}$;

(5) $243x \equiv 112 \pmod{551}$;　　(6) $256x \equiv 179 \pmod{337}$.

3. 解下列同余方程：

(1) $4x \equiv 6 \pmod{18}$；　　(2) $3x \equiv 6 \pmod{18}$；

(3) $8x \equiv 44 \pmod{72}$；　　(4) $1\,215x \equiv 560 \pmod{2\,755}$；

(5) $660x \equiv 595 \pmod{1\,385}$.

第6节　一元一次同余方程组

上节介绍了一元一次同余方程的概念、有无解的判断、有解时的求解方法. 本节介绍一元一次同余方程组有无解的判断和有解时的求法.

当同余方程的系数不为1时,通过求解可使其为1,因此,讨论同余方程组解的问题,不妨假设其中各同余方程的系数均为1. 下面先讨论特殊情况.

1. 模两两互质的同余方程组的解法

我国大约在公元3世纪成书的《孙子算经》里,已经提出并很好地解决了这类问题. 其中,给出了**"物不知数"问题**(今有物不知其数,三三数之剩二,五五数之剩三,七七数之剩二,问物几何?)及其解法.

这一问题可用同余方程组表示：设有物 x 个,则

$$\begin{cases} x \equiv 2 \pmod{3}, \\ x \equiv 3 \pmod{5}, \\ x \equiv 2 \pmod{7}. \end{cases}$$

可以分析、求解如下：

被3, 5整除而被7除余1的最小正整数是15；

被3, 7整除而被5除余1的最小正整数是21；

被5, 7整除而被3除余1的最小正整数是70.

从而,

$15 \times 2 = 30$ 被3, 5整除而被7除余2；

$21 \times 3 = 63$ 被3, 7整除而被5除余3；

$70 \times 2 = 140$ 被5, 7整除而被3除余2.

于是,和 $30 + 63 + 140 = 233$ 必符合题目要求,即为所求. 但此数不一定是符合要求的最小正整数,所以,从中减去3, 5, 7的最小公倍数105的整数倍,即可得到最小正整数解23.

因而,《孙子算经》里给出的解法是:"术曰三三数之剩二,置一百四十;五五数之剩三,置六十三;七七数之剩二,置三十;并之,得二百三十三,以之减二百一十,即得二十三."

该问题及解法可推广为:"3除余 a, 5除余 b, 7除余 c,问数几何?"其解为：

$$x \equiv 70a + 21b + 15c \pmod{105}.$$

关于该解法公式,明朝程大位的《算法统宗》(1593 年)给出了解法歌诀:“三人同行七十稀,五树梅花廿一枝. 七子团圆整半月,除百零五便得知.”

更一般的情况,即模两两互质的同余方程组的求解方法,1247 年宋朝秦九韶《数书九章》给出了“大衍求一术”,国际上称之为“中国剩余定理”.

定理 1 (中国剩余定理)设正整数 $m_1, m_2, \cdots, m_n (n \geqslant 2)$ 两两互质,$b_1, b_2, \cdots, b_n$ 是整数,则一元一次同余方程组

$$\begin{cases} x \equiv b_1 \pmod{m_1}, \\ x \equiv b_2 \pmod{m_2}, \\ \quad \cdots\cdots \\ x \equiv b_n \pmod{m_n} \end{cases}$$

有且只有一个解:

$$x \equiv b_1 M_1 M_1' + b_2 M_2 M_2' + \cdots + b_n M_n M_n' \pmod{M}.$$

其中,

$$M = m_1 m_2 \cdots m_n,\ M_k = \frac{M}{m_k} (k = 1, 2, \cdots, n),\ M_k M_k' \equiv 1 \pmod{m_k}.$$

证明 存在性(用引例解法).

$\because m_1, m_2, \cdots, m_n (n \geqslant 2)$ 两两互质,$M_k = \dfrac{M}{m_k}$, $\therefore (M_k, m_k) = 1.$

$\therefore$ 存在整数 M_k', m_k',使得 $M_k M_k' + m_k m_k' = 1$ 成立.

即存在整数 M_k',使得 $M_k M_k' \equiv 1 \pmod{m_k} (k = 1, 2, \cdots, n)$.

而当 $l \neq k (l, k = 1, 2, \cdots, n)$ 时,

$\because M = m_1 m_2 \cdots m_n$, $M_k = \dfrac{M}{m_k}$, $\therefore m_l \mid M_k$.

$\therefore M_k M_k' \equiv 0 \pmod{m_l}$.

$\therefore b_1 M_1 M_1' + b_2 M_2 M_2' + \cdots + b_n M_n M_n' \equiv b_k M_k M_k' \equiv b_k \pmod{m_k}$.

$\because m_1, m_2, \cdots, m_n (n \geqslant 2)$ 两两互质,

$\therefore x \equiv b_1 M_1 M_1' + b_2 M_2 M_2' + \cdots + b_n M_n M_n' \pmod{M}$ 是同余方程组的解.

唯一性.

设 $x \equiv r \pmod{M}$, $x \equiv s \pmod{M}$ 是同余方程组的两个解,则它们满足方程组中的每个方程,即

$$r \equiv b_k \pmod{m_k},\ s \equiv b_k \pmod{m_k} \quad (k = 1, 2, \cdots, n),$$

从而 $r \equiv s \pmod{m_k}$. 由于 $m_1, m_2, \cdots, m_n (n \geqslant 2)$ 两两互质,$m = [m_1, m_2, \cdots, m_n] = m_1 m_2 \cdots m_n$,故 $r \equiv s \pmod{M}$,这与它们是两个解矛盾,故同余方程组只有一个解.

注 解方程组时取 $M_1', M_2', \cdots, M_n'$ 为绝对值最小的值计算简便.

例1 求解"物不知数"问题.

解 设有物 x 个,则 $\begin{cases} x \equiv 2 \pmod 3, \\ x \equiv 3 \pmod 5, \\ x \equiv 2 \pmod 7. \end{cases}$

显然,$m_1 = 3,\ m_2 = 5,\ m_3 = 7;\ b_1 = 2,\ b_2 = 3,\ b_3 = 2$. 从而

$$M = m_1 m_2 m_3 = 3 \times 5 \times 7 = 105.$$

$$M_1 = \frac{M}{m_1} = 35,\ M_2 = 21,\ M_3 = 15.$$

$\because M_1 M_1' = 35 M_1' \equiv 1 \pmod 3$, $\therefore M_1' \equiv 2 \pmod 3$,取 $M_1' = 2$.

$\because M_2 M_2' = 21 M_2' \equiv 1 \pmod 5$, $\therefore M_2' \equiv 1 \pmod 5$,取 $M_2' = 1$.

$\because M_3 M_3' = 15 M_3' \equiv 1 \pmod 7$, $\therefore M_3' \equiv 1 \pmod 7$,取 $M_3' = 1$.

$\therefore x \equiv b_1 M_1 M_1' + b_2 M_2 M_2' + b_3 M_3 M_3'$

$= 2 \times 35 \times 2 + 3 \times 21 \times 1 + 2 \times 15 \times 1 = 233 \equiv 23 \pmod{105}$.

例2 "韩信点兵"问题:5 人一列剩 1 人,6 人一列差 1 人,7 人一列剩 4 人,11 人一列差 1 人,求兵数.

解 设兵数为 x,由题意得

$$\begin{cases} x \equiv 1 \pmod 5, \\ x \equiv -1 \pmod 6, \\ x \equiv 4 \pmod 7, \\ x \equiv -1 \pmod{11}. \end{cases}$$

显然,$m_1 = 5,\ m_2 = 6,\ m_3 = 7,\ m_4 = 11;\ b_1 = 1,\ b_2 = -1,\ b_3 = 4,\ b_4 = -1$. $M = 2\,310,\ M_1 = 462,\ M_2 = 385,\ M_3 = 330,\ M_4 = 210$.

$\because M_1 M_1' = 462 M_1' \equiv 1 \pmod 5$, $\therefore M_1' \equiv 3 \pmod 5$,取 $M_1' = 3$.

$\because M_2 M_2' = 385 M_2' \equiv 1 \pmod 6$, $\therefore M_2' \equiv 1 \pmod 6$,取 $M_2' = 1$.

$\because M_3 M_3' = 330 M_3' \equiv 1 \pmod 7$, $\therefore M_3' \equiv 1 \pmod 7$,取 $M_3' = 1$.

$\because M_4 M_4' = 210 M_4' \equiv 1 \pmod{11}$, $\therefore M_4' \equiv 1 \pmod 7$,取 $M_4' = 1$.

$\therefore x \equiv b_1 M_1 M_1' + b_2 M_2 M_2' + b_3 M_3 M_3' + b_4 M_4 M_4'$

$= 1 \times 462 \times 3 - 1 \times 385 \times 1 + 4 \times 330 \times 1 - 1 \times 210 \times 1$

$= 2\,111 \pmod{2\,310}$.

答:兵数为 2 111 人.

例3 解同余方程组 $\begin{cases} x \equiv 3 \pmod 7, \\ 6x \equiv 10 \pmod 8. \end{cases}$

解 第 2 个方程有两个解:$x \equiv 3 \pmod 8$, $x \equiv -1 \pmod 8$.

分别与第 1 个方程联立得到两个方程组

$$\begin{cases} x \equiv 3 \pmod 7, \\ x \equiv 3 \pmod 8), \end{cases} \qquad \begin{cases} x \equiv 3 \pmod 7, \\ x \equiv -1 \pmod 8, \end{cases}$$

分别解得 $x \equiv 3(\bmod 56)$，$x \equiv 31(\bmod 56)$，即为原方程组的两个解.

2. 模不两两互质的同余方程组有解的判定和求法

上面我们介绍了模两两互质的同余方程组的解法.当模不两两互质时，同余方程组是否有解？如何判定？有解时，如何求解？

下面我们先介绍有无解的判定.

定理 2 设 $m_1, m_2 \in \mathbf{N}^*$，$b_1, b_2 \in \mathbf{Z}$，则同余方程组

$$\begin{cases} x \equiv b_1 (\bmod m_1), \\ x \equiv b_2 (\bmod m_2) \end{cases} \text{有解} \Leftrightarrow (m_1, m_2) \mid (b_1 - b_2).$$

证明 必要性.

设 r 是同余方程组的解，则 $\begin{cases} r \equiv b_1 (\bmod m_1), \\ r \equiv b_2 (\bmod m_2). \end{cases}$

$\therefore m_1 \mid (r - b_1)$，$m_2 \mid (r - b_2)$.

$\therefore (m_1, m_2) \mid (r - b_1)$，$(m_1, m_2) \mid (r - b_2)$.

$\therefore (m_1, m_2) \mid [(r - b_2) - (r - b_1)] = b_1 - b_2$.

充分性.

由上节定理 2 可知，同余方程 $x \equiv b_1 (\bmod m_1)$ 有解，设解为 $x = b_1 + m_1 t (t \in \mathbf{Z})$，代入同余方程 $x \equiv b_2 (\bmod m_2)$，得 $b_1 + m_1 t \equiv b_2 (\bmod m_2)$，$\therefore m_1 t \equiv b_2 - b_1 (\bmod m_2)$.

这是一个关于整数变数 t 的同余方程.

$\because (m_1, m_2) \mid (b_1 - b_2)$，$\therefore (m_1, m_2) \mid (b_2 - b_1)$.

由上节定理 3 可知，关于整数变数 t 的同余方程 $m_1 t \equiv b_2 - b_1 (\bmod m_2)$ 有解.故同余方程组有解.

由该定理不难得到并用数学归纳法证明如下推论.

推论 设 $m_k \in \mathbf{N}^*$，$b_k \in \mathbf{Z} (k = 1, 2, \cdots, n)$，则同余方程组 $x \equiv b_k (\bmod m_k)$ 有解 $\Leftrightarrow (m_k, m_l) \mid (b_k - b_l) (k \neq l, k, l = 1, 2, \cdots, n)$.

例 4 判断下列同余方程组是否有解：

$$(1) \begin{cases} x \equiv 1 (\bmod 2 \times 3^2), \\ x \equiv 7 (\bmod 2^3 \times 3), \\ x \equiv 11 (\bmod 2^2 \times 3^3); \end{cases} \qquad (2) \begin{cases} x \equiv 1 (\bmod 2 \times 3^2 \times 5), \\ x \equiv 7 (\bmod 2^3 \times 3), \\ x \equiv 31 (\bmod 2^2 \times 3 \times 5^2). \end{cases}$$

解 (1) 因为 $(2 \times 3^2, 2^2 \times 3^3) = 18 \nmid (1 - 11)$，故无解.

(2) 因为 $(2 \times 3^2 \times 5, 2^3 \times 3) = 6 \mid (1 - 7)$，

$(2 \times 3^2 \times 5, 2^2 \times 3 \times 5^2) = 30 \mid (1 - 31)$，

$(2^3 \times 3, 2^2 \times 3 \times 5^2) = 12 \mid (7 - 31)$，

所以同余方程组(2)有解.

下面我们介绍求解方法及其理论根据.

回顾定理2充分性的证明,会发现是构造性的,即给出了求解的**代入法**.

例5 解同余方程组 $\begin{cases} x\equiv 7(\text{mod }12),\\ x\equiv 3(\text{mod }8).\end{cases}$

解 因为 $(12,8)=4\mid(7-3)$,所以方程组有解.

由第1个方程,得 $x=7+12t(t\in\mathbf{Z})$,代入第2个方程,得

$$7+12t\equiv 3(\text{mod }8)\Rightarrow 12t\equiv -4(\text{mod }8)\Rightarrow 3t\equiv -1(\text{mod }2)$$
$$\Rightarrow t\equiv 1(\text{mod }2)\Rightarrow t=1+2t'(t'\in\mathbf{Z}),$$

代入 $x=7+12t$,得 $x=19+24t'$.

所以,同余方程组的解为 $x\equiv 19(\text{mod }24)$.

类似的,求由三个方程构成的方程组,可以把两个方程的公共解代入第三个方程求解.依此类推,可以求解任意一个有解的方程组.

如此代入法虽然不用记忆公式,但求解过程随方程个数的增加,会越来越烦琐.是否有简便的方法?是否可以借用前面学过的方法?

显然,只要把所给同余方程组转化为与其同解的符合定理1条件的同余方程组,即可由定理1给出的方法解得答案.为实现这种转化,先证明两个定理.

定理3 设

$$m=p_1^{\alpha_1}p_2^{\alpha_2}\cdots p_n^{\alpha_n}(p_1,p_2,\cdots,p_n\text{ 为互异质数},\alpha_1,\alpha_2,\cdots,\alpha_n\in\mathbf{N}^*),$$

则同余方程 $x\equiv a(\text{mod }m)$ 与同余方程组 $\begin{cases} x\equiv a(\text{mod }p_1^{\alpha_1}),\\ x\equiv a(\text{mod }p_2^{\alpha_2}),\\ \quad\cdots\cdots\\ x\equiv a(\text{mod }p_n^{\alpha_n})\end{cases}$ 同解.

证明 设 r 是满足同余方程的任一整数,则 $r\equiv a(\text{mod }m)$.

$\because p_k^{\alpha_k}\mid m$, $\therefore r\equiv a(\text{mod }p_k^{\alpha_k})(k=1,2,\cdots,n)$.

这说明,r 也满足同余方程组.

反之,设 s 是满足同余方程组的任一整数,则 $s\equiv a(\text{mod }p_k^{\alpha_k})(k=1,2,\cdots,n)$,
$\therefore p_k^{\alpha_k}\mid(a-s)$,从而由 $p_1^{\alpha_1},p_2^{\alpha_2},\cdots,p_n^{\alpha_n}$ 两两互质可得

$$[p_1^{\alpha_1},p_2^{\alpha_2},\cdots,p_n^{\alpha_n}]=p_1^{\alpha_1}p_2^{\alpha_2}\cdots p_n^{\alpha_n}=m\mid(a-s).\ \therefore s\equiv a(\text{mod }m).$$

即 s 也满足同余方程.

该定理告诉我们,方程的模含有不同质因数时,可先将其化为模两两互质的方程组,然后化简、求解.

例6 解同余方程 $19x\equiv 556(\text{mod }1\,155)$.

解 $\because (19,1\,155)=1$, $\therefore$ 方程有唯一解.

用欧拉算法计算简便，在此练习用定理 3 和剩余定理.

$\because 1\,155 = 3\times 5\times 7\times 11$，$\therefore$ 原方程同解于方程组：

$$\begin{cases}19x\equiv 556(\bmod 3),\\ 19x\equiv 556(\bmod 5),\\ 19x\equiv 556(\bmod 7),\\ 19x\equiv 556(\bmod 11)\end{cases}\Leftrightarrow\begin{cases}x\equiv 1(\bmod 3),\\ x\equiv -1(\bmod 5),\\ x\equiv 2(\bmod 7),\\ x\equiv -2(\bmod 11).\end{cases}$$

由定理 1 解得 $x\equiv 394(\bmod 1\,155)$.

定理 4　设 p 为质数，$\alpha,\beta\in\mathbf{N}^*$，$\alpha\geqslant\beta$，若同余方程组 $\begin{cases}x\equiv b_1(\bmod p^{\alpha}),\\ x\equiv b_2(\bmod p^{\beta})\end{cases}$ 有解，则它与它的第一个同余方程同解.

定理中方程的个数可推广到多个. 该定理告诉我们，当方程组各方程的模是同一个质数的不同次幂时，该方程组与其中模最大的那个方程同解.

显然，只要证得第一个同余方程的解也是第二个同余方程的解即可. 而且，b_1 与 b_2 相等与否均可，谁大谁小无所谓.

证明　设 r 是满足第一个同余方程的任一整数，则 $r\equiv b_1(\bmod p^{\alpha})$. $\because \alpha\geqslant\beta$，$\therefore p^{\beta}\mid p^{\alpha}$，$\therefore r\equiv b_1(\bmod p^{\beta})$.

$\because$ 同余方程组有解，

$\therefore (p^{\alpha},p^{\beta})=p^{\beta}\mid(b_1-b_2)$，$\therefore b_1\equiv b_2(\bmod p^{\beta})$.

$\because r\equiv b_1(\bmod p^{\beta})$，$\therefore r\equiv b_2(\bmod p^{\beta})$.

故 r 也是第二个同余方程的解.

由定理 3 和定理 4 可知，解模不两两互质的方程组，要把每个方程化为模只含一个质因数的几个同余方程；在得到的同余方程中，取同底幂指数最高的模的同余方程并化简，构成同解于原方程组的符合剩余定理条件的方程组.

例 7　解同余方程组 $\begin{cases}x\equiv 1(\bmod 2\times 3^2\times 5),\\ x\equiv 7(\bmod 2^3\times 3),\\ x\equiv 31(\bmod 2^2\times 3\times 5^2).\end{cases}$

解　这是例 4(2)，故有解.

$$\begin{cases}x\equiv 1(\bmod 2),\\ x\equiv 1(\bmod 3^2),\\ x\equiv 1(\bmod 5),\\ x\equiv 7(\bmod 2^3),\\ x\equiv 7(\bmod 3),\\ x\equiv 31(\bmod 2^2),\\ x\equiv 31(\bmod 3),\\ x\equiv 31(\bmod 5^2)\end{cases}\Leftrightarrow\begin{cases}x\equiv 7(\bmod 2^3),\\ x\equiv 1(\bmod 3^2),\\ x\equiv 31(\bmod 5^2)\end{cases}\Leftrightarrow\begin{cases}x\equiv -1(\bmod 2^3),\\ x\equiv 1(\bmod 3^2),\\ x\equiv 6(\bmod 5^2),\end{cases}$$

其中的 3 个模两两互质,由剩余定理求解如下:

$M = m'_1 m'_2 m'_3 = 3^2 \times 2^3 \times 5^2 = 1\,800.$

$M_1 = m'_2 m'_3 = 200$, $200M'_1 \equiv 1 \pmod{3^2}$,解之并取 $M'_1 = 5$.

$M_2 = m'_1 m'_3 = 225$, $225M'_2 \equiv 1 \pmod{2^3}$,解之并取 $M'_2 = 1$.

$M_3 = m'_1 m'_2 = 72$, $72M'_3 \equiv 1 \pmod{5^2}$,解之并取 $M'_3 = 8$.

$$x \equiv 1 \times 200 \times 5 + (-1) \times 225 \times 1 + 6 \times 72 \times 8 = 4\,231$$
$$\equiv 631 \pmod{1\,800}.$$

例 8 今有数不知总,以五累减之无剩,以七百一十五累减之剩十,以二百四十七累减之剩一百四十,以三百九十一累减之剩二百四十五,以一百八十七累减之剩一百零九,问总数若干?(黄宗宪《求一术通解》)

解 设总数为 x,则由题意可得

$$\begin{cases} x \equiv 0 \pmod{5}, & m_1 = 5, \\ x \equiv 10 \pmod{715}, & m_2 = 715 = 5 \times 11 \times 13, \\ x \equiv 140 \pmod{247}, & m_3 = 247 = 13 \times 19, \\ x \equiv 245 \pmod{391}, & m_4 = 391 = 17 \times 23, \\ x \equiv 109 \pmod{187}, & m_5 = 187 = 11 \times 17. \end{cases}$$

$(m_1, m_2) = 5 \mid (0 - 10)$, $(m_1, m_3) = (m_1, m_4) = (m_1, m_5) = 1$,

$(m_2, m_3) = 13 \mid (10 - 140)$, $(m_2, m_4) = 1$, $(m_2, m_5) = 11 \mid (10 - 109)$,

$(m_3, m_4) = (m_3, m_5) = 1$, $(m_4, m_5) = 17 \mid (245 - 109)$.

故有解.

$$\begin{cases} x \equiv 0 \pmod{5}, \\ x \equiv 10 \pmod{5}, \\ x \equiv 10 \pmod{11}, \\ x \equiv 10 \pmod{13}, \\ x \equiv 140 \pmod{13}, \\ x \equiv 140 \pmod{19}, \\ x \equiv 245 \pmod{17}, \\ x \equiv 245 \pmod{23}, \\ x \equiv 109 \pmod{11}, \\ x \equiv 109 \pmod{17} \end{cases} \Leftrightarrow \begin{cases} x \equiv 10 \pmod{5}, \\ x \equiv 10 \pmod{11}, \\ x \equiv 140 \pmod{13}, \\ x \equiv 140 \pmod{19}, \\ x \equiv 245 \pmod{17}, \\ x \equiv 245 \pmod{23} \end{cases} \Leftrightarrow \begin{cases} x \equiv 10 \pmod{55}, \\ x \equiv 140 \pmod{247}, \\ x \equiv 245 \pmod{391}. \end{cases}$$

在上述 3 个方程组中,由第 1 个得到第 2 个的依据是定理 4“模数相同取其一”,由第 2 个得到第 3 个的依据是逆用定理 3“余数相同模相乘”,目的是精减方程个数,标准是“不重不漏”.

第 3 个方程组中的三模两两互质,由剩余定理可得

$$M = 55 \times 247 \times 391 = 5\,311\,735,\ M_1 = 247 \times 391 = 96\,577,$$
$$M_2 = 55 \times 391 = 21\,505,\ M_3 = 55 \times 247 = 13\,585.$$

由 $96\,577M_1' \equiv 1 \pmod{55}$ 解取 $M_1' = 18$；

由 $21\,505M_2' \equiv 1 \pmod{247}$ 解取 $M_2' = 139$；

由 $13\,585M_3' \equiv 1 \pmod{391}$ 解取 $M_3' = 43$.

$x \equiv 10 \times 96\,577 \times 18 + 140 \times 21\,505 \times 139 + 245 \times 13\,585 \times 43$

$\equiv 10\,020 \pmod{5\,311\,735}$.

答：总数最小为 10 020.

例 9　甲乙两港之间的距离不超过 5 000 千米，今有 3 只船于某天 0 时同时从甲港开往乙港. 假定 3 只船每天 24 小时都匀速航行，若干天后的 0 时，第一只到达，几天后的 18 时第二只到达，再过几天后的 8 时，第三只到达. 假如第一、第二、第三只船每天分别航行 300 千米、240 千米、180 千米. 问甲乙两港相距多少千米？3 只船各航行多长时间？

解　第二只船 18 小时走了 $240 \times (18 \div 24) = 180$(千米)，第三只船 8 小时走了 $180 \times (8 \div 24) = 60$(千米). 设甲乙两港相距 x 千米，由题意得

$$\begin{cases} x \equiv 0 \pmod{300}, & 300 = 2^2 \times 3 \times 5^2, \\ x \equiv 180 \pmod{240}, & 240 = 2^4 \times 3 \times 5, \\ x \equiv 60 \pmod{180}, & 180 = 2^2 \times 3^2 \times 5. \end{cases}$$

与之同解的符合剩余定理条件的同余方程组为

$$\begin{cases} x \equiv 0 \pmod{5^2}, \\ x \equiv 180 \equiv 4 \pmod{2^4}, \\ x \equiv 60 \equiv 6 \pmod{3^2}. \end{cases}$$

解之得 $x \equiv 3\,300 \pmod{3\,600}$. 由题意取 $x = 3\,300$(千米).

而 $3\,300 \div 300 = 11$，$3\,300 \div 240 = 13\dfrac{18}{24}$，$3\,300 \div 180 = 18\dfrac{8}{24}$.

答：两港相距 3 300 千米，第一、第二、第三只船分别航行 11 天、13 天又 18 小时和 18 天又 8 小时.

例 10　解同余方程组 $\begin{cases} 3x \equiv 1 \pmod{10}, \\ 4x \equiv 7 \pmod{15}. \end{cases}$

解　由定理 3 可知，

$$\begin{cases} 3x \equiv 1 \pmod{10}, \\ 4x \equiv 7 \pmod{15} \end{cases} \Leftrightarrow \begin{cases} 3x \equiv 1 \pmod{2}, \\ 3x \equiv 1 \pmod{5}, \\ 4x \equiv 7 \pmod{3}, \\ 4x \equiv 7 \pmod{5} \end{cases} \Leftrightarrow \begin{cases} x \equiv 1 \pmod{2}, \\ x \equiv 2 \pmod{5}, \\ x \equiv 1 \pmod{3}, \\ x \equiv 3 \pmod{5}. \end{cases}$$

而其中第2和第4个方程矛盾,故原方程组无解.也可由这两个方程不符合定理2推论的条件,判定右边的方程组无解,从而断定原方程组无解.

习题2.6

1. 解下列同余方程组:

(1) $\begin{cases} x \equiv 1 \pmod 7, \\ x \equiv 1 \pmod 8, \\ x \equiv 3 \pmod 9; \end{cases}$　(2) $\begin{cases} 3x \equiv 2 \pmod 5, \\ 7x \equiv 3 \pmod 8, \\ 4x \equiv 7 \pmod{11}; \end{cases}$　(3) $\begin{cases} 8x \equiv 6 \pmod{10}, \\ 3x \equiv 10 \pmod 7. \end{cases}$

2. 判断下列同余方程组是否有解:

(1) $\begin{cases} x \equiv 1 \pmod{12}, \\ x \equiv -23 \pmod{30}, \\ x \equiv -8 \pmod{15}; \end{cases}$　(2) $\begin{cases} x+5 \equiv 0 \pmod 7, \\ x-4 \equiv 0 \pmod 9, \\ x+1 \equiv 0 \pmod{11}, \\ x-3 \equiv 0 \pmod 6. \end{cases}$

3. 当a为何值时,同余方程组$\begin{cases} x \equiv 5 \pmod{18}, \\ x \equiv 8 \pmod{21}, \\ x \equiv a \pmod{35} \end{cases}$有解?

4. 用代入法解下列同余方程组:

(1) $\begin{cases} x \equiv 8 \pmod{13}, \\ x \equiv 5 \pmod{36}; \end{cases}$　(2) $\begin{cases} x \equiv 1 \pmod 7, \\ 3x \equiv 4 \pmod 5, \\ 8x \equiv 4 \pmod 9. \end{cases}$

5. 解下列同余方程组:

(1) $\begin{cases} x \equiv 1 \pmod{2 \times 3^2 \times 5}, \\ x \equiv 7 \pmod{2^3 \times 3}; \end{cases}$　(2) $\begin{cases} x \equiv 1 \pmod{2 \times 3^2}, \\ x \equiv 7 \pmod{2^3 \times 3}, \\ x \equiv 19 \pmod{2^2 \times 3^3}; \end{cases}$

(3) $\begin{cases} x \equiv 2 \pmod{35}, \\ x \equiv 9 \pmod{14}, \\ x \equiv 7 \pmod{20}; \end{cases}$　(4) $\begin{cases} 2x \equiv 1 \pmod 5, \\ 3x \equiv 2 \pmod 7, \\ 4x \equiv 1 \pmod{15}. \end{cases}$

6. 某班参加年级队列比赛,参加者4人一排剩1人,5人一排剩2人,7人一排剩3人,问该班有多少人参加比赛?

7. 一辆卡车运货物,每趟运11袋剩8袋,每趟运8袋剩3袋,每趟运12袋剩7袋.问这批货物至少多少袋?

自测题 2

1. 选择题(24 分,每小题 3 分).

(1) 在同余定义中,设 $a = pm + r_1$, $b = qm + r_2$,若 $r_1 = r_2$,则 $a \equiv b(\bmod m)$. 其中 a, b, p, q, m, r_1, r_2 允许值范围正确的是　(　　)

A. $a, b, p, q \in \mathbf{Z}, m, r_1, r_2 \in \mathbf{N}$;

B. $a, b, p, q \in \mathbf{Z}, m, r_1, r_2 \in \mathbf{N}^*$;

C. $a, b, p, q \in \mathbf{Z}, m \in \mathbf{N}^*, r_1, r_2 \in \mathbf{N}$;

D. $a, b, p, q \in \mathbf{Z}, m \in \mathbf{N}^*, r_1, r_2 \in \mathbf{N}, r_1, r_2 < m$.

(2) 若 $a \equiv b(\bmod m)$, $c \in \mathbf{Z}$,则下列各式不正确的一个是　(　　)

A. $a + c \equiv b + c(\bmod m)$;　　B. $a - c \equiv b - c(\bmod m)$;

C. $ac \equiv bc(\bmod m)$;　　D. $\dfrac{a}{c} \equiv \dfrac{b}{c}(\bmod m)$.

(3) 下列各式不正确的一个是　(　　)

A. 若 $ac \equiv bc(\bmod m)$,则 $a \equiv b(\bmod m)$;

B. 若 $ac \equiv bc(\bmod cm)$,则 $a \equiv b(\bmod m)$;

C. 若 $a \equiv b(\bmod cm)$,则 $a \equiv b(\bmod m)$;

D. 若 $a \equiv b(\bmod c)$, $a \equiv b(\bmod m)$,则 $a \equiv b(\bmod [c, m])$.

(4) 下列不是模 5 的完全剩余系的是　(　　)

A. 0, 1, 2, 3, 4;　　B. 5, 6, 7, 8, 9;

C. 0, 3, 6, 9, 12;　　D. 0, 5, 10, 15, 20.

(5) 模 6 的一个简化剩余系是　(　　)

A. 0, 1, 2, 3, 4, 5;　　B. 0, 2, 3, 4;

C. 1, 5;　　D. 2, 3, 6.

(6) 用费马小定理可以判定下列结论正确的一个是　(　　)

A. $4^{30} \equiv 1(\bmod 31)$;　　B. $4^{31} \equiv 1(\bmod 31)$;

C. $4^{31} \equiv 31(\bmod 31)$;　　D. 以上都不对.

(7) 下列分数中能化为纯循环小数的一个是　(　　)

A. $\dfrac{9}{16}$;　　B. $\dfrac{7}{620}$;　　C. $\dfrac{8}{74}$;　　D. $\dfrac{139}{875}$.

(8) 下列同余方程有解的一个是　(　　)

A. $4x \equiv 1(\bmod 10)$;　　B. $5x \equiv 1(\bmod 10)$;

C. $6x \equiv 1(\bmod 10)$;　　D. $7x \equiv 1(\bmod 10)$.

2. 填空题(28 分,每空 2 分).

(1) 填数字使得 11 除 141028(　)3 余 9.

(2) 模 9 的最小非负完全剩余系是(　　).

(3) 模 8 的最小正完全剩余系是(　　).

(4) $\varphi(16)=($　　$)$; $\varphi(17)=($　　$)$; $\varphi(18)=($　　$)$; $\varphi(25)=($　　$)$.

(5) 既约真分数 $\frac{a}{b}$ 可以化为混循环小数的充要条件是(　　).

(6) 小数化为分数: $0.23=($　　$)$; $0.\dot{2}\dot{3}=($　　$)$; $0.2\dot{3}=($　　$)$.

(7) 解同余方程 $2x\equiv 5(\bmod 3)$ 时,不能用 3 乘两边,理由是(　　).

(8) 若同余方程组 $\begin{cases}x\equiv 5(\bmod 18),\\ x\equiv 8(\bmod 21),\\ x\equiv k(\bmod 35)\end{cases}$ 有解,则 $k=($　　$)$.

3. (6 分)把一个偶位数十进制正整数从左至右每两位分成一段,如果每段作为两位数,其和能被 11 整除,求证:该数也能被 11 整除.

4. (8 分)求 $8^{4\,965}$ 除以 13 的余数.

5. (8 分)说明 $\frac{2\,017}{1\,850}$ 能化成混循环小数,先求不循环部分的位数和循环节的长度,再把它化成小数.

6. (8 分)解同余方程 $28x\equiv 21(\bmod 35)$.

7. (10 分)解同余方程组 $\begin{cases}x\equiv 2(\bmod 35),\\ x\equiv 9(\bmod 14),\\ x\equiv 7(\bmod 20).\end{cases}$

8. (8 分)猜生日.

设某人的出生月数为 n,日数为 m,表演者让其说出计算 $31n+12m$ 的结果,就能算出他的生日.

方法如下:计算 $31n+12m$ 除以 12 所得余数.若余数是偶数,则该数就是他的出生月数;若余数是 1, 3, 5,则其出生月数是 7, 9, 11;若余数是 7, 9, 11,则其出生月数是 1, 3, 5.由月数 n 与 $31n+12m$ 又可求得日数.

试说明其中的道理.

研究题 2

1. 求证:设 $m_1, m_2\in \mathbf{N}^*$, $a\in \mathbf{Z}$,则同余方程组 $\begin{cases}x\equiv a(\bmod m_1),\\ x\equiv a(\bmod m_2)\end{cases}$ 与同余方程 $x\equiv a\,(\bmod [m_1, m_2])$ 同解.

2. 两人做游戏:甲让乙任选一个小于 1 000 的正整数,依次用 7, 11, 13 去除后,说出 3 个余数,甲就能说出这个正整数是多少.甲是怎么知道的?

拓展阅读 2

梅森数与梅森质数

17 世纪，法国数学家梅森证明了质数 $p=2, 3, 5, 7, 13, 17, 19$ 时，下列各数都是质数：

$$2^2-1,\ 2^3-1,\ 2^5-1,\ 2^7-1,\ 2^{13}-1,\ 2^{17}-1,\ 2^{19}-1.$$

1750 年，欧拉又证明了当 $p=31$ 时，$2^{31}-1$ 也是质数.

探索 2^p-1 是否是质数的问题引起了后人的极大兴趣. 因此，人们把形如 2^p-1（p 为 质数）的数叫作梅森数，记作 $M_p=2^p-1$.

显然，并不是所有梅森数都是质数. 例如，$M_{11}=2^{11}-1=2\,047=23\times 89$ 就是合数.

人们为了研究哪些梅森数是质数，自然对其性质进行了一般性探索研究，得到了如下结论：

定理 1　设质数 $p>2$，则梅森数中的质因数必形如 $2pk+1$，其中 k 为正整数.

这个性质告诉我们，要找出梅森数的质因数，只要在形如 $2pk+1$ 的数中去找即可. 实际上 $1<2pk+1\leqslant\sqrt{2^p-1}$，故只要找到这样的 k 值，使得 $1<(2pk+1)^2\leqslant 2^p-1$ 即可. 如果这样的 k 存在，表明梅森数 $M_p=2^p-1$ 有质因数存在，梅森数就是合数，否则，它就是质数.

定理 2　若 d 是使得 $a^d\equiv 1(\bmod m)$ 成立的最小正整数，又有一个正整数 n，使得 $a^n\equiv 1(\bmod m)$ 成立，则 $d\mid n$. 特别地，有 $d\mid\varphi(m)$.

定理 2 给出了一个判断梅森数是否为质数的必要条件，供人们进行逐一检验、筛选.

例如，判断 $M_{29}=2^{29}-1$ 是质数还是合数，其筛选过程如下：

根据定理 1，$2^{29}-1=536\,870\,911$ 的质因数应形如 $2pk+1=58k+1$，其中 k 为正整数.

从小到大逐一取 $k=1, 2, \cdots$，代入 $58k+1$，只取质数，检验挑出的质数可否整除 $M_{29}=2^{29}-1$.

例如，当 $k=1$ 时，$58k+1=59$ 是质数，用 59 去除 $2^{29}-1=536\,870\,911$ 不能整除；当 $k=2$ 时，$58\times2+1=117$ 是合数，不要；当 $k=3$ 时，$58\times3+1=175$ 是合数，不要；当 $k=4$ 时，$58\times4+1=233$ 是质数，用 233 去除 $2^{29}-1=536\,870\,911$，发现$2^{29}-1=536\,870\,911=233\times2\,304\,167$ 是合数.

寻找梅森数中的质数，即寻找质数 p，使得 $M_p=2^p-1$ 为质数，即梅森质数，仍是近代数论研究的课题之一. 梅森质数稀奇而迷人，被人们称为“数海明珠”. 近一百年来，人们发现的超大质数几乎都是梅森质数.

除了梅森和欧拉找到的 8 个梅森质数之外，自欧拉之后，寻找梅森质数的世界纪录,不断被刷新.

在手工计算时代,人们一共只找到12个梅森质数.1952年美国数学家拉斐尔·鲁宾逊(Raphael Robinson)使用大型计算机,几小时内就找到了5个.

据搜狐网2018年2月1日消息称,2018年1月13日,日本发行了一本叫作《2017年最大的素数》的书,厚约32 mm,719页,整本书只印了一个数$2^{77\,232\,917}-1$.共有23 249 425位,这也是第50个梅森质数.

这个质数是由美国田纳西州电器工程师乔纳森·佩斯(Jonathan Pace)在2017年12月26日发现的.

相隔一年,2018年12月,美国程序员帕特里克·拉罗什(Patrick Laroche)找到了第51个梅森质数$2^{82\,589\,933}-1$,有24 862 048位,是目前人类发现的最大质数.

寻找梅森质数必须具有高深理论预测和海量计算能力.对这个家族的好奇造就了世界上第一个基于互联网的分布式计算项目——"互联网梅森质数大搜索"(GIMPS计划).这是1995年由毕业于麻省理工学院的程序设计师乔治·奥特曼(George Woltman)编制的一个寻找梅森质数的程序,供爱好者免费使用.

目前,有192个国家的60多万人参与搜索寻找,但还是不易找到.这项工作在计算机工程领域的价值远远大于在数学领域的价值,它是对计算机性能进行检验的重要手段,在一定程度上反映了一个国家的科技水平.

20世纪90年代,克雷、苹果、英特尔公司在测试计算机功能时,就利用了梅森质数.不久前德国的一个"GIMPS计划"参与者发现,当英特尔公司的第六代Core处理器在执行Prime95用来搜索梅森质数时,运算到指数为14 942 209时触发了系统死机的漏洞.对此进展感兴趣的读者,可以关注"GIMPS"网站.

是否有无穷多个梅森质数仍是数论中尚未解决的难题之一.值得注意的是,梅森质数也在应用科学如编码学中得到了应用.

第三章

不定方程

导　读

判定一个不定方程或不定方程组是否有整数解、是否有正整数解以及有解时如何求解，在数学和生产生活实践中经常遇到，在中外数学史上早被广泛关注并已取得丰硕成果.

本章我们将针对线性和特殊非线性不定方程与不定方程组，讨论是否有整数解、是否有正整数解以及如何求解的问题.

未知数个数大于 1 的方程，叫作**不定方程**；未知数个数大于方程个数的方程组，叫作**不定方程组**；次数是 1 的不定方程(组)，叫作一次或**线性不定方程(组)**；满足不定方程(组)的未知数的一组值，叫作不定方程(组)的一个解；求不定方程(组)解的过程，叫作**解不定方程(组)**.

例如，$2x-5y=9$ 是二元一次不定方程，$2x-5y+7z=9$ 是三元一次不定方程，$\begin{cases}2x-5y+7z=9,\\3x+2y-5z=6\end{cases}$是三元一次不定方程组，$2x-5y^2=9$ 是二元二次不定方程，$\begin{cases}x^2+y^2+z^2=9,\\x^2-y^2+2z^2=6\end{cases}$是三元二次不定方程组.

公元 5 世纪末，我国数学家张丘建在《张丘建算经》里，提出了一个在世界数学史上著名的**"百鸡问题"**："鸡翁一，值钱五，鸡母一，值钱三，鸡雏三，值钱一，百钱买百鸡，问鸡翁母雏各几何？"

设鸡翁、母、雏分别为 x, y, z 个，则由题意可得方程组：

$$\begin{cases}5x+3y+\dfrac{1}{3}z=100,\\x+y+z=100.\end{cases}$$

类似地，在《马克思数学手稿》中，记载有他曾解过的一个题目："男人、女人和孩子共 30 人，在一家饭馆吃饭，共花 50 先令，男人、女人和孩子每人分别各花 3, 2, 1 先令，问男人、女人和孩子各几人?”

设男人、女人、孩子分别为 x, y, z 个,则由题意可得方程组:

$$\begin{cases}3x+2y+z=50,\\x+y+z=30.\end{cases}$$

回答这两个问题,都需要求方程组的正整数解.

下面我们先讨论二元一次不定方程.

第1节 二元一次不定方程

本节讨论二元一次不定方程有无整数解的判定和有解时的求法.

定义1 方程 $ax+by=c(a, b, c\in\mathbf{Z}, ab\neq 0)$ 叫作二元一次不定方程,其中 x, y 是未知数.

对于二元一次不定方程而言,有时有整数解,而有时没有整数解. 例如, $3x-y=2$ 显然有整数解,而 $2x+4y=5$ 就没有整数解.

关于二元一次不定方程满足什么条件时有整数解,如何判定其有无整数解,我们有下面的定理.

定理1 方程 $ax+by=c(a, b, c\in\mathbf{Z}, ab\neq 0)$ 有整数解 $\Leftrightarrow (a, b)\mid c$.

证明 必要性.

设 $ax+by=c(a, b, c\in\mathbf{Z}, ab\neq 0)$ 有整数解 (x_0, y_0),则

$$ax_0+by_0=c.$$

$\because (a, b)\mid a$, $(a, b)\mid b$, $\therefore (a, b)\mid c$.

充分性.

$\because (a, b)\mid c$, $\therefore c=(a, b)c'(c'\in\mathbf{Z})$.

由第一章欧拉算法可知,存在整数 s, t,满足 $as+bt=(a, b)$,

$\therefore asc'+btc'=(a, b)c'=c$,

故 $x_0=sc'$, $y_0=tc'$ 是方程 $ax+by=c(a, b, c\in\mathbf{Z}, ab\neq 0)$ 的一个整数解.

例1 判断下列方程是否有整数解:

(1) $54x+37y=1$; (2) $11x-17y=7$;

(3) $24x-56y=72$; (4) $4x+2y-1=0$.

解 (1) 因为 $(54, 37)=1\mid 1$,所以有解.

(2) 因为 $(11, 17)=1\mid 7$,所以有解.

(3) 因为 $(24, 56)=8\mid 72$,所以有解.

(4) 因为 $(4, 2)=2\nmid 1$,所以无解.

由例 1(3)可见，当方程 $ax+by=c(a, b, c\in \mathbf{Z}, ab\neq 0)$ 满足 $(a, b)\mid c$ 时，方程等号两边可以同除以 (a, b)，使得未知数的系数互质，而由例 1(1) 和(2) 可见，当未知数的系数互质时，方程组一定有整数解. 因此，可以得到定理的如下推论.

推论　当方程 $ax+by=c(a, b, c\in \mathbf{Z}, ab\neq 0)$ 满足 $(a, b)=1$ 时，必有整数解.

从定理充分性的证明不难看出，当方程有解时（本章中的解均指整数解，下同），只要求出整数 s, t, c' 即可得到方程的一个解. 其关键是求出 s, t，而这并不困难，只要用第一章介绍的欧拉算法必能求出，甚至，简单的题目通过观察实验就可得到一个解.

方程的一个解叫作它的一个**特解**.

下面我们先举例说明求特解的**观察实验法**，而一般性方法如欧拉算法、辗转相除法，稍后再加以介绍.

当方程的系数和常数比较小或具有某些特点时，可用观察实验法.

例 2　求方程的特解：

(1) $4x+5y=0$；(2) $x-15y=19$；

(3) $7x-4y=1$；(4) $3x+5y=1\,306$.

解　(1) 常数为 0，未知数均取 0 即可，故特解为 $(0, 0)$.

(2) 当有一个未知数的系数绝对值为 1 时，则令另一个未知数取 0 或 1 即可，如令 $y=0$，则 $x=19$. 故一个特解为 $(x, y)=(19, 0)$.

(3) 两个系数与常数关系比较明显，直接取值即可. 故一个特解为

$$(x, y)=(-1, -2).$$

(4) 系数绝对值较小，而常数绝对值较大，则常数先取其约数如 1. 即先解

$$3x+5y=1,$$

得其特解 $3\times 2+5\times(-1)=1$，两边同乘常数与所取约数的商 1 306，得

$$3\times(2\times 1\,306)+5\times(-1\times 1\,306)=1\,306,$$

故原方程的一个特解为 $(x, y)=(2\,612, -1\,306)$.

也可先取一个未知数如 y 等于 0 或 1 等特殊整数值，再求关于另一个未知数的一元方程的整数解. 如取 $x=2$，解得 $y=260$.

求方程的一个或几个特解往往不能满足我们的要求，我们还应当关注当方程有整数解时有多少个，如何求出所有的整数解，如何求出满足某种特殊条件的整数解. 对此，我们有如下结论.

定理 2　设方程 $ax+by=c(a, b, c\in \mathbf{Z}, ab\neq 0)$ 满足 $(a, b)=1$，若方程有一个特解 (x_0, y_0)，则其全部整数解可表示为

$$\begin{cases}x=x_0+bt,\\ y=y_0-at,\end{cases}\text{或}\begin{cases}x=x_0-bt,\\ y=y_0+at\end{cases}(t\in \mathbf{Z}).$$

证明 先证$\begin{cases}x=x_0+bt,\\ y=y_0-at\end{cases}$是方程的解.

$\because (x_0,\ y_0)$是方程的一个特解，$\therefore ax_0+by_0=c$.

$\because a(x_0+bt)+b(y_0-at)=ax_0+by_0=c$,

$\therefore \begin{cases}x=x_0+bt,\\ y=y_0-at\end{cases}$是方程的解.

再证方程的任意一个整数解均可表示为$\begin{cases}x=x_0+bt,\\ y=y_0-at\end{cases}$的形式.

设$(x_0',\ y_0')$是方程的任意一个整数解,则$ax_0'+by_0'=c$.

$\because ax_0+by_0=c$，$\therefore a(x_0'-x_0)+b(y_0'-y_0)=0$.

$\therefore a(x_0'-x_0)=-b(y_0'-y_0)$，$\therefore b\mid a(x_0'-x_0)$.

$\because (a,\ b)=1$，$\therefore b\mid (x_0'-x_0)$，$\therefore x_0'-x_0=bt(t\in\mathbf{Z})$.

$\therefore x_0'=x_0+bt$.

$\because a(x_0'-x_0)=-b(y_0'-y_0)$，$\therefore y_0'=y_0-at$.

这表明,方程的任意一个整数解均可表示为$\begin{cases}x=x_0+bt,\\ y=y_0-at\end{cases}$的形式.

同理可证$\begin{cases}x=x_0-bt,\\ y=y_0+at\end{cases}$$(t\in\mathbf{Z})$也是方程的解,而且,当$t$取遍所有整数时,与$\begin{cases}x=x_0+bt,\\ y=y_0-at\end{cases}$表示的解集相等.

定理中表示方程所有解的两个表达式$\begin{cases}x=x_0+bt,\\ y=y_0-at\end{cases}$和$\begin{cases}x=x_0-bt,\\ y=y_0+at\end{cases}$$(t\in\mathbf{Z})$都叫作方程的**通解**.

要注意通解公式中t的系数与方程未知数系数的关系特点.

值得注意的是,定理的关键性条件是方程中未知数的系数互质,这不仅保证了方程一定有解,而且保证了通解公式的正确性.

例如，$2x+4y=6$的通解不能表示为$\begin{cases}x=1+4t,\\ y=1-2t\end{cases}$或$\begin{cases}x=1-4t,\\ y=1+2t\end{cases}$$(t\in\mathbf{Z})$,如此会漏解,如$(3,\ 0)$.

这就提醒我们,遇到未知数系数不互质而又有解的方程,求解时要先化简,再求解.

下面我们介绍方程的解法,其中包括求特解的几个一般性方法和写通解的注意事项.

例3 解方程$119x-105y=217$.

解 因为$(119,\ 105)=7\mid 217$,所以方程有整数解.化简得

$$17x-15y=31.$$

方法1 用欧拉算法.

由第一章欧拉算法得 $1=17\times(-7)+15\times 8$. 故

$$
\begin{aligned}
31 &= 17\times(-7\times 31)-15\times(-8\times 31)\\
&= 17\times(-217)-15\times(-248).
\end{aligned}
$$

故一个特解为$(-217, -248)$,故通解为

$$
\begin{cases} x=-217+15t,\\ y=-248+17t. \end{cases}
$$

也可简化为 $\begin{cases} x=-7+15t,\\ y=-10+17t \end{cases}(t\in\mathbf{Z})$.

值得注意的是,在简化前后的两个通解式中,处于特解位置的两组值,相差 x, y 各自表达式中 t 的系数的相同的整数倍. 即

$$
-217+15\times 14=-7,\ -248+17\times 14=-10.
$$

若用 $-248+17\times 15=7$ 把通解写成 $\begin{cases} x=-7+15t,\\ y=7+17t \end{cases}$ 是错误的,显然$(-7, 7)$不是方程的一个特解.

方法 2 辗转相除法.

解得系数的绝对值较小的未知数,并分离出整式部分

$$
y=\frac{17x-31}{15}=x-2+\frac{2x-1}{15}.
$$

为使 y 是整数,令 $\frac{2x-1}{15}=u(u\in\mathbf{Z})$,则 $2x-15u=1$. 这是一个新二元方程,重复前面的做法,得

$$
x=\frac{15u+1}{2}=7u+\frac{u+1}{2},\ \frac{u+1}{2}=t(t\in\mathbf{Z})\Rightarrow u-2t=-1.
$$

这又是一个二元方程,但 u 的系数为 1,解得 $u=-1+2t$. 逐步回代得

$$
x=7u+t=-7+15t\Rightarrow y=x-2+u=-10+17t,
$$

则

$$
\begin{cases} x=-7+15t,\\ y=-10+17t \end{cases}(t\in\mathbf{Z}).
$$

与前述通解式相比或直接代入原方程验证可知,这是原方程的通解. 事实上,这是一个辗转相除的过程,这种解方程的方法叫作**辗转相除法**.

可见,可以脱离通解定理直接求得通解. 其要点是:每次都解得方程中系数绝对值较小的未知数,以便分离出整式后的余式比较简单;辗转相除直至得到某个新方程中有未知数的系数为±1 时为止,写出该未知数的整数表达式;逐步回代得到原方程的通解.

当然,该题也可以由 $y=x-2+\frac{2x-1}{15}$ 观察得到特解 $(x, y)=(8, 7)$,进而用通解定理写出通解,但方法思路显得杂而不纯,且不具有一般性.

方法3 解同余方程法.

把方程化为两个同余方程

$$17x \equiv 31(\text{mod } 15), -15y \equiv 31(\text{mod } 17).$$

选两者之一(如前者)解之得 $x \equiv 8(\text{mod } 15)$,即 $x = 8 + 15t(t \in \mathbf{Z})$.

代入原方程解得:$y = 7 + 17t$.

故原方程的通解为 $\begin{cases} x = 8 + 15t, \\ y = 7 + 17t \end{cases} (t \in \mathbf{Z})$.

请大家自己取另一个同余方程试解.

例4 一个自行车选手在相距950千米的甲、乙两地之间训练.去时从甲地出发,每90千米休息一次,到达乙地休息一天后沿原路返回,返回时每100千米休息一次,他发现有休息地点与去时相同,相同休息地点有几个?距甲地多少千米?

解 因为 $950 = 90 \times 10 + 50$,所以该选手从甲地出发到乙地去时共休息10次,且各次休息地距离甲地 $90m$ 千米($m = 1, 2, \cdots, 10$);同理,他从乙地返回甲地时休息9次,返回时各次休息地距离甲地 $950-100n$ 千米($n=1, 2, \cdots, 9$).而去、回同一休息地到甲地的距离是一个定值,故由题意可得方程:

$$90m = 950 - 100n, \text{即 } 9m + 10n = 95.$$

观察可得一个特解:$(m, n) = (5, 5)$,故其通解为

$$\begin{cases} m = 5 + 10t, \\ n = 5 - 9t \end{cases} (t \in \mathbf{Z}).$$

由题意,$0 < m \leqslant 10$ 且 $0 < n \leqslant 9$,即 $\begin{cases} 0 < 5 + 10t \leqslant 10, \\ 0 < 5 - 9t \leqslant 9, \end{cases}$ 解之得 $t = 0$.

故 $(m, n) = (5, 5)$, $90 \times 5 = 450$(千米).

答:相同休息地只有一个,距离甲地450千米.

例5 用容量分别为27升和15升的两个容器,可否从足量的桶装油中取出6升油?如可,怎样操作最简便?(习题1.5第12题)

解 设27升和15升的两个容器分别用 x, y 次,则 $27x + 15y = 6$,解得通解

$$\begin{cases} x = -2 + 5t, \\ y = 4 - 9t \end{cases} (t \in \mathbf{Z}).$$

为使操作过程最简便,取绝对值最小特解 $(x, y) = (-2, 4)$.

答:可以.用15升的容器从油桶中取满4次倒入27升的容器,后者满2次倒回油桶,前者剩6升.

最简操作过程分 3 步：小容器取满 2 次倒入大容器，大容器满 1 次倒回油桶，大容器中剩 3 升；小容器再取满 1 次倒入大容器，大容器中有 18 升；小容器又取满 1 次倒满大容器，大容器倒回油桶，则小容器中剩 6 升.

习题 3.1

1. 判断下列方程有无整数解：

(1) $16x+34y=7$；　　(2) $54x-48y=12$；

(3) $2x+y=8$；　　(4) $24x-56y=72$.

2. 用观察实验法求下列方程的一个特解：

(1) $5x-6y=7$；　　(2) $7x-9y=193$.

3. 用欧拉算法解下列方程：

(1) $15x+37y=1$；　　(2) $24x-56y=72$.

4. 用辗转相除法解下列方程：

(1) $83x-59y+5=0$；　　(2) $24x-59y=5$.

5. 用解同余方程法解下列方程：

(1) $5x+78y=7$；　　(2) $22x+6y=368$.

6. 有大小两种装月饼的盒子，大盒可装 7 块，小盒可装 4 块，要把 41 块月饼装满盒子，需要大、小盒各几个？

7. 一辆匀速行驶的汽车，开始看到里程碑上标示$\overline{xy}$千米，过了 1 小时后看到里程碑上标示$\overline{yx}$千米，又行驶了 1 小时后看到里程碑上标示$\overline{x0y}$千米，求每次看到的里程碑上标示的数和车速.

8. 某地收水费，不超过 10 吨时，每吨 4.5 元，超过 10 吨时超过部分每吨 8 元. 庄家比李家多交水费 33 元，若两家用水量都是整吨数，问两家各交水费多少元？

9. 某人发现自己今年的年龄恰好是出生年号 4 个数字之和，求其年龄.

10. 可否用 4 升和 9 升的两个桶从河中取回 6 升水？如何取最简便？

第 2 节　多元一次不定方程

本节在上节的基础上，讨论多元一次不定方程有无整数解的判定，以及有解时的求解方法，主要包括并项减元法、辗转相除法、分类讨论法.

1. 三元一次不定方程

定义 1　方程 $ax+by+cz=d(a, b, c, d\in\mathbf{Z}, abc\neq 0)$ 叫作三元一次不定方程，

其中 x, y, z 是未知数.

与二元一次不定方程的有关结论类似,关于三元一次不定方程,如何判定其有无整数解?我们有下面的定理.

定理 1 方程 $ax+by+cz=d(a, b, c, d\in \mathbf{Z}, abc\neq 0)$ 有整数解 $\Leftrightarrow (a, b, c)\mid d$.

证明 必要性.

设方程有整数解 (x_0, y_0, z_0),则 $ax_0+by_0+cz_0=d$,

$\because (a, b, c)\mid a, (a, b, c)\mid b, (a, b, c)\mid c, \therefore (a, b, c)\mid d$.

充分性.

设 $ax+by=(a, b)t=mt(t\in \mathbf{Z})$,则 $mt+cz=d$, $(m, c)=(a, b, c)\mid d$,
$\therefore mt+cz=d$ 有整数解.

设 $(t, z)=(t_0, z_0)$,则 $mt_0+cz_0=d$.

$\because (a, b)=m\mid mt_0$, $\therefore ax+by=mt_0$ 有整数解 x_0, y_0.

$\therefore ax_0+by_0=mt_0$, $\therefore ax_0+by_0+cz_0=mt_0+cz_0=d$.

即 x_0, y_0, z_0 为原方程一个解.

事实上,该定理还可以推广到元数更多的线性不定方程.

例 1 判断下列方程是否有整数解:

(1) $18x+21y+6z=9$; (2) $4x-9y+5z=8$;

(3) $18x+2y+6z=10$; (2) $17x+51y+34z=1\,001$.

解 (1) 因为 $(18, 21, 6)=3\mid 9$,所以有整数解.

(2) 因为 $(4, -9, 5)=1\mid 8$,所以有整数解.

(3) 因为 $(18, 2, 6)=2\mid 10$,所以有整数解.

(4) 因为 $(17, 51, 34)=17\nmid 1\,001$,所以无整数解.

由例 1(1), (3)可见,当方程未知数系数的最大公约数能整除常数时,方程等号两边可以同除以这个最大公约数,使得未知数的系数互质,而由例 1(2)可见,当未知数的系数互质时,方程组一定有整数解.因此,我们可以得到定理的如下推论.

推论 当方程 $ax+by+cz=d(a, b, c, d\in \mathbf{Z}, abc\neq 0)$ 满足 $(a, b, c)=1$ 时,必有整数解.

定理的充分性证明是构造性的,即过程本身给出了一种求解的方法,下面举例说明解法.

例 2 解方程 $6x+7y+2z=3$.

解 用并项减元法.设 $6x+7y=t$(t 视为常数),则必有整数解

$$\begin{cases} x=-t+7u, \\ y=t-6u \end{cases} (u\in \mathbf{Z}).$$

将 $6x+7y=t$ 代入原方程得

$$t+2z=3,$$

其整数解为 $\begin{cases} t = 3 - 2v, \\ z = v \end{cases}$ $(v \in \mathbf{Z})$.

将 $t = 3 - 2v$ 代入 $\begin{cases} x = -t + 7u, \\ y = t - 6u \end{cases}$ $(u \in \mathbf{Z})$,得

$$\begin{cases} x = -3 + 2v + 7u, \\ y = 3 - 2v - 6u \end{cases} (v,\ u \in \mathbf{Z}).$$

故原方程的解为 $\begin{cases} x = -3 + 2v + 7u, \\ y = 3 - 2v - 6u, \\ z = v \end{cases}$ $(v,\ u \in \mathbf{Z})$.

本题也可设 $7y + 2z = t$ 来解,得到的解的表达式一般说来与前者不同,但两个表达式所表示的解集相等.

例 3 解方程 $4x + 7y + 14z = 40$.

解 用辗转相除法.系数绝对值最小者为 4,解得

$$x = \frac{40 - 7y - 14z}{4} = 10 - y - 3z - \frac{3y + 2z}{4}.$$

令 $\frac{3y + 2z}{4} = u$,得二元方程 $3y + 2z = 4u$(u 视为常数),解得 $z = 2u - y - \frac{y}{2}$.

令 $\frac{y}{2} = v$,则 $y = 2v$,代回 z 得 $z = 2u - 3v$;把 y 和 z 代回 x,得 $x = 10 - 7u + 7v$.

故原方程的通解为 $\begin{cases} x = 10 - 7u + 7v, \\ y = 2v, \\ z = 2u - 3v \end{cases}$ $(u,\ v \in \mathbf{Z})$.

在许多实际问题中,往往需要求出方程的满足某些特殊条件的解,例如求正整数解.下面我们接着例 3 介绍求方程特殊解的方法和注意事项.

例 4 求方程 $4x + 7y + 14z = 40$ 的正整数解.

解 **方法 1** 由例 3 结果可知,方程的通解为

$$\begin{cases} x = 10 - 7u + 7v, \\ y = 2v, \\ z = 2u - 3v \end{cases} (u,\ v \in \mathbf{Z}).$$

令三个未知数均大于零,则

$$\begin{cases} x = 10 - 7u + 7v > 0, \\ y = 2v > 0, \\ z = 2u - 3v > 0 \end{cases} \Rightarrow \begin{cases} \frac{3v}{2} < u < \frac{10 + 7v}{7}, \\ v > 0 \end{cases}$$

$$\Rightarrow \begin{cases} \frac{3v}{2} < \frac{10 + 7v}{7}, \\ v > 0 \end{cases} \Rightarrow 0 < v \leqslant 2 \Rightarrow v = 1,\ v = 2.$$

当 $v=1$ 时,由 $\frac{3v}{2}<u<\frac{10+7v}{7}$ 得 $u=2$;

当 $v=2$ 时,整数 u 不存在.

把 $u=2,\ v=1$ 代入通解即得正整数解 $(x,\ y,\ z)=(3,\ 2,\ 1)$.

方法2 若能先确定某个未知数的各允许值,将其分别代入原方程,即可把问题转化为求几个二元方程正整数解的问题.

该方程的特点是未知数系数和常数均为正数,不妨先尝试确定 z.

$$0<z=\frac{40-4x-7y}{14}\leqslant\frac{40-4-7}{14}=\frac{29}{14}\Rightarrow z=1,\ z=2.$$

当 $z=1$ 时,由原方程得 $4x+7y=26$,其正整数解为 $(x,\ y)=(3,\ 2)$;

当 $z=2$ 时,由原方程得 $4x+7y=12$,无正整数解.

总之,原方程的正整数解为 $(x,\ y,\ z)=(3,\ 2,\ 1)$.

反思:若先确定 x 的各允许值,发现有1至4四个,分别讨论4个二元方程有无正整数解,过程比较烦琐.由此可知,先确定系数最大的未知数的允许值,分类最少,过程最简.继续反思本例的两个解法可见,方法1是适用于求任何三元一次不定方程正整数解的一般性方法[推广证明见本章末研究题1(2)及其答案];方法2是适用于未知数系数均为正数的一次不定方程正整数解的特殊性方法.关于两法各自的优缺点在绪论中已经做过说明,在此不再赘述.

例5 一个正整数,可用九进制表示为 $\overline{xyz}$,还可用七进制表示为 $\overline{zyx}$,试用十进制表示出来(1975年纽约竞赛题,习题1.1第10题).

解 依题意,有

$$9^2x+9y+z=7^2z+7y+x\quad(x,\ y,\ z<7;\ x,\ z\in\mathbf{N}^*;\ y\in\mathbf{N}).$$

整理得 $40x+y-24z=0$,前面由计数法得到了 $x,\ y,\ z$ 的取值范围,依此可把一个未知数的可取值分别代入方程求解.但是,该方程未知数的系数和常数具有更加突出的特点:常数为0,y 系数为 ±1,x 和 y 系数最大公因数大于 y 的最大允许值.抓住这几个特点,可以得到更加精准、简洁的解法.由方程解得 $y=24z-40x=8(3z-5x)$,故 $8\mid y$.

$\because 0\leqslant y<7,\ y\in\mathbf{N},\ \therefore y=0,\ \therefore 40x-24z=0,\ \therefore 5x-3z=0.$

解这个二元一次不定方程得通解:$x=3t,\ z=5t(t\in\mathbf{Z})$.

$\because 0<x<7,\ 0<z<7,\ \therefore t=1,\ \therefore x=3,\ z=5,\ \therefore 7^2\times5+7\times0+3=248.$

即该数用十进制表示为248.

如果用例4方法2解例5,过程要烦琐得多.可见,所谓特殊方法也是相对的,解决问题要不断追求过程与方法的优化.

2. n 元一次不定方程

前面我们介绍了二元和三元一次不定方程的概念、有无解的判断方法和有解时的求解方法，这些内容可以推广到元数更多的一次不定方程.

定义 2 方程 $\sum_{i=1}^{n} a_i x_i = b(a_i, b \in \mathbf{Z}, a_i \neq 0, n \in \mathbf{N}^*, n > 1)$，叫作 n 元一次不定方程，其中 $x_i(i = 1, 2, \cdots, n)$ 是未知整数. 当 $n > 2$ 时叫作多元一次不定方程.

可见，此处定义的方程，当 $n = 2$ 时就是上节介绍的二元一次不定方程，当 $n = 3$ 时就是本节介绍的三元一次不定方程.

因此，我们不难想象，对 n 元一次方程有如下定理.

定理 2 设 $(a_1, a_2, \cdots, a_n) = d$，则方程

$$\sum_{i=1}^{n} a_i x_i = b(a_i, b \in \mathbf{Z}, a_i \neq 0, n \in \mathbf{N}^*, n > 1) \text{ 有整数解} \Leftrightarrow d \mid b.$$

证明 必要性.

设方程有整数解 $x_1', x_2', \cdots, x_n'$，则 $\sum_{i=1}^{n} a_i x_i' = b$.

$\because (a_1, a_2, \cdots, a_n) = d$，$\therefore d \mid a_i (i = 1, 2, \cdots, n)$，

$\therefore d \mid a_i x_i'$，$\therefore d \mid \sum_{i=1}^{n} a_i x_i' = b$.

充分性(用第一数学归纳法).

当 $n = 2$ 时就是上节的定理 1，故成立.

设当 $n = k$ 时成立.

当 $n = k + 1$ 时，因为

$$((a_1, a_2), a_3, \cdots, a_k, a_{k+1}) = (a_1, a_2, a_3, \cdots, a_k, a_{k+1}) = d \mid b,$$

则由归纳假设知，k 元方程 $(a_1, a_2)t + \sum_{i=3}^{k+1} a_i x_i = b$ 有整数解，即有整数 $t', x_3', \cdots, x_{k+1}'$ 满足 $(a_1, a_2)t' + \sum_{i=3}^{k+1} a_i x_i' = b$.

设 $a_1 x_1 + a_2 x_2 = (a_1, a_2)t'$，那么该二元方程有整数解，即有整数 x_1', x_2' 满足 $a_1 x_1' + a_2 x_2' = (a_1, a_2)t'$. 此式代入 $(a_1, a_2)t' + \sum_{i=3}^{k+1} a_i x_i' = b$，得 $\sum_{i=1}^{k+1} a_i x_i' = b$.

这表明，当 $n = k + 1$ 时原方程 $\sum_{i=1}^{n} a_i x_i = b$ 有整数解

$$x_i = x_i' \quad (i = 1, 2, \cdots, n),$$

即当 $n = k + 1$ 时充分性成立.

联合当 $n = 2$ 时成立，可知对任意大于 1 的正整数 n 成立.

本定理充分性证明给出了求解的方法，注意到

$$((a_1, a_2), a_3) = (a_1, a_2, a_3), \cdots, ((a_1, \cdots, a_{n-1}), a_n) = (a_1, \cdots, a_{n-1}, a_n),$$

作 $n-1$ 个二元方程

$$a_1x_1+a_2x_2=(a_1,a_2)t_1,$$
$$(a_1,a_2)t_1+a_3x_3=((a_1,a_2),a_3)t_2,$$
$$\cdots\cdots$$
$$((a_1,\cdots,a_{n-3}),a_{n-2})t_{n-3}+a_{n-1}x_{n-1}=((a_1,\cdots,a_{n-2}),a_{n-1})t_{n-2},$$
$$(a_1,\cdots,a_{n-1})t_{n-2}+a_nx_n=b\quad[(a_1,\cdots,a_n)\mid b].$$

先在前 $n-2$ 个方程的第 k 个方程中,视且仅视 $t_k(k=1,2,\cdots,n-2)$ 为常数,化简上述这 $n-1$ 个方程并求得通解.

再把 t_{n-2} 代入倒数第二个方程的通解中消去 t_{n-2},如此依次逐个从下向上把 t_{n-3},$\cdots$,t_1 代入上一个方程的通解,从而消去前 $n-3$ 个方程通解中的 t_{n-3},$\cdots$,t_1,即可得到这个 n 元方程的通解.

这一方法最简单的例子,就是本节介绍的解三元方程的并项减元法.下面给出一个四元方程的例子.

例 6 解方程 $6x_1+10x_2-21x_3+14x_4=1$.

解 方法 1 并项减元法.

$$6x_1+10x_2=(6,10)t_1=2t_1\Rightarrow\begin{cases}x_1=2t_1-5u,\\x_2=-t_1+3u.\end{cases}$$

$$2t_1-21x_3=(2,21)t_2=t_2\Rightarrow\begin{cases}t_1=11t_2-21v,\\x_3=t_2-2v.\end{cases}$$

$$t_2+14x_4=1\Rightarrow\begin{cases}t_2=1-14w,\\x_4=w.\end{cases}$$

把 t_2 代入第二个方程的通解中,消去 t_2 得

$$\begin{cases}t_1=11-154w-21v,\\x_3=1-14w-2v.\end{cases}$$

把 t_1 代入第一个方程的通解中,消去 t_1 得

$$\begin{cases}x_1=22-308w-42v-5u,\\x_2=-11+154w+21v+3u.\end{cases}$$

故原方程的通解为

$$\begin{cases}x_1=22-308w-42v-5u,\\x_2=-11+154w+21v+3u,\\x_3=1-14w-2v,\\x_4=w\end{cases}\quad(w,v,u\in\mathbf{Z}).$$

方法 2 辗转相除法.

原方程中 x_1 的系数绝对值最小，由原方程解得

$$\begin{aligned} x_1 &= \frac{1}{6}(-10x_2+21x_3-14x_4+1) \\ &= -2x_2+3x_3-2x_4+\frac{1}{6}(2x_2+3x_3-2x_4+1). \end{aligned}$$

设 $t_1=\frac{1}{6}(2x_2+3x_3-2x_4+1)$ 为整数，则

$$2x_2+3x_3-2x_4=6t_1-1.$$

该方程中 x_2 的系数绝对值最小，解得

$$x_2=\frac{1}{2}(6t_1-1-3x_3+2x_4)=3t_1-x_3+x_4-\frac{1}{2}(1+x_3).$$

设 $t_2=\frac{1}{2}(1+x_3)$ 为整数，则 $x_3=2t_2-1$.

把 x_3 代入 x_2，得 $x_2=1+3t_1-3t_2+x_4$.

把 x_3，x_2 代入 x_1，得 $x_1=-5-5t_1+12t_2-4x_4$.

x_4 是可以取任意整数的自由未知量，可设 $x_4=t_3$，代入 x_3，x_2，x_1，则原方程的通解为

$$\begin{cases} x_1=-5-5t_1+12t_2-4t_3, \\ x_2=1+3t_1-3t_2+t_3, \\ x_3=-1+2t_2, \\ x_4=t_3 \end{cases} \quad (t_1, t_2, t_3 \in \mathbf{Z}).$$

本题还可写出其他求解过程，不同过程得到的通解式一般不会相同，只要代入原方程验证正确即可，它们只是方程同一解集的不同表达式.

习题 3.2

1. 当 k 取哪些两位数时，方程 $12x+15y-12z=\frac{k}{5}$ 有整数解？

2. 用并项减元法和辗转相除法求下列方程的整数解：

(1) $9x+24y-5z=1\,000$；(2) $15x+10y+6z=61$；(3) $3x+2y+4z+7w=38$.

3. 求下列方程的正整数解：

(1) $x+2y+11z=20$；(2) $8x+9y+11z=48$；(3) $13x+6y+9z=83$.

4. 把一根 30 米长的钢料，截成规格分别为 2 米、3 米和 8 米的短料，每种规格的料至少一根，问应当怎样截取才使原料恰好用完？

5. 有三种书，每本价格分别为 30 元、50 元和 40 元，问用 270 元钱买这三种书，恰

好用完钱,每种都买,有几种买法?

6. 某人早起6点以6千米的时速从甲地步行去火车站,到站就登上时速为74千米的火车,下车又上了时速为42千米的汽车,当天下午到达乙地,他通过的总路程为524千米.若步行、乘火车、乘汽车的时间以小时计都是整数,问他从甲地到乙地共用了多长时间?

第3节　多元一次不定方程组

多元一次不定方程组的求解思路是,通过消元减少未知数的个数,转化为一次方程再解,把一次方程的通解逐步回代得到原方程组的解.下面通过几个具体例子介绍解法.

例1 解方程组 $\begin{cases}3x-4y-3z=2,\\2x+7y+9z=34.\end{cases}$

解 消去 z,并化简得 $11x-5y=40$,解得通解:

$$\begin{cases}x=5t,\\y=-8+11t\end{cases}\quad(t\in\mathbf{Z}).$$

将通解代入第一个方程,得 $29t+3z=30$,解得通解:

$$\begin{cases}t=3m,\\z=10-29m\end{cases}\quad(m\in\mathbf{Z}).$$

将 $t=3m$ 代入 $\begin{cases}x=5t,\\y=-8+11t,\end{cases}$ 得 $\begin{cases}x=15m,\\y=-8+33m.\end{cases}$

故原方程组的解为 $\begin{cases}x=15m,\\y=-8+33m,\\z=10-29m\end{cases}\quad(m\in\mathbf{Z}).$

首次消去的未知数不同,或者解二元不定方程得到的通解不同,最后得到的方程组的通解一般说来也不会相同,但只要计算正确,这些不同的结果所表示的方程组的解集是相同的一个,即一个方程组的解形式上可以不同.

而且,由于解方程组的过程不同,其繁简程度、计算量也不相同,这就需要我们在学习过程中,不断反思总结、积累经验,抓住方程组特点,力求用简洁的过程和较小的计算量,完成求解工作.

上述例1求解的过程,是解一般三元一次不定方程组的一般过程.若方程组中有一个方程的某个未知数的系数的绝对值为1,其求解过程可以简化为:先消去该未知数得到另两个未知数的二元方程,把二元方程的通解代入含系数绝对值为1的那个三元方程,从中得到所消去的那个未知数的表达式,即可直接写出方程组的通解.

例 2 求方程组$\begin{cases}5x+3y+\dfrac{1}{3}z=100,\\ x+y+z=100\end{cases}$的正整数解("百鸡问题").

解 消去 z,得 $7x+4y=100$,其通解为$\begin{cases}x=4t,\\ y=25-7t\end{cases}(t\in\mathbf{Z})$.

将其代入原方程组的第二个方程,得 $z=75+3t$.

故方程组的通解为$\begin{cases}x=4t,\\ y=25-7t,\\ z=75+3t\end{cases}(t\in\mathbf{Z})$.

依题意$\begin{cases}x=4t>0,\\ y=25-7t>0,\\ z=75+3t>0\end{cases}(t\in\mathbf{Z})$,解之得 $t=1, 2, 3$.

故方程组的正整数解为

$$(x, y, z)=(4, 18, 78), (8, 11, 81), (12, 4, 84).$$

例 3 求方程组$\begin{cases}2x-y-2z+4w=10, & ①\\ 4x+y-4z-2w=-14, & ②\\ 3x+4y-z+w=12 & ③\end{cases}$的正整数解.

解 消去一个未知数 w,得到一个三元一次不定方程组:

$$\begin{cases}10x+y-10z=-18, & ④\\ 10x+9y-6z=10. & ⑤\end{cases}$$

消去 y,并化简得 $20x-21z=-43$. 解得通解:

$$\begin{cases}x=1+21t,\\ z=3+20t.\end{cases} \quad ⑥$$

将⑥代入④,得

$$y=2-10t. \quad ⑦$$

将⑥,⑦代入③,得 $w=4-3t$.

故原方程组的通解为$\begin{cases}x=1+21t,\\ y=2-10t,\\ z=3+20t,\\ w=4-3t\end{cases}(t\in\mathbf{Z})$.

令$\begin{cases}x=1+21t>0,\\ y=2-10t>0,\\ z=3+20t>0,\\ w=4-3t>0,\end{cases}$解之得 $t=0$,故$\begin{cases}x=1,\\ y=2,\\ z=3,\\ w=4.\end{cases}$

例 4 解方程组 $\begin{cases}2x-y-2z+4w=10,\\4x+y-4z-2w=-14.\end{cases}$

解 消去 y，化简得 $3x-3z+w=-2$.

设 $3x-3z=3u(u\in\mathbf{Z})$，解得 $\begin{cases}x=u+v,\\z=v\end{cases}\quad(v\in\mathbf{Z})$.

将其代入 $3x-3z+w=-2$，得 $w=-2-3u$.

将 x，z，w 代入方程组的第一个方程，得 $y=-18-10u$.

原方程组的解为 $\begin{cases}x=u+v,\\y=-18-10u,\\z=v,\\w=-2-3u\end{cases}\quad(u,\ v\in\mathbf{Z})$.

该方程组有四个未知数、两个方程，需要两个参数来表示通解，这是与例 3 的不同之处.

以此，可以抓住该方程组和消去 y 所得方程都含有系数为 ±1 的未知数这个特点，用更加简单的过程求解如下：

消去方程组中系数为 ±1 的未知数 y，并化简得 $3x-3z+w=-2$.

其中 w 的系数为 1，由该方程得 $w=-2-3x+3z$.

将其代入方程组的第 1 个方程，得 $y=-18-10x+10z$.

方程组的解为

$$\begin{cases}x=u,\\y=-18-10u+10v,\\z=v,\\w=-2-3u+3v\end{cases}\quad(u,\ v\in\mathbf{Z}),$$

甚或简记为

$$\begin{cases}y=-18-10x+10z,\\w=-2-3x+3z\end{cases}\quad(x,\ z\in\mathbf{Z}),$$

其中，x，z 叫作自由未知量.

习题 3.3

1. 解下列方程组：

(1) $\begin{cases}7x+9y+11z=68,\\5x+7y+9z=52;\end{cases}$ (2) $\begin{cases}x+y+z=28,\\x+2y+5z=50;\end{cases}$ (3) $\begin{cases}5x+7y+2z=24,\\3x-y-4z=4.\end{cases}$

2. 学校有 12 间宿舍，可住 80 人，大、中、小宿舍分别住 8，7，5 人，问中、小宿舍共有几间？(北京市第三届小学生迎春杯数学竞赛初赛题)

3. 清嘉庆帝编“百牛题”：百两银买百牛，大牛、小牛和牛犊价格分别为十两、五两和半两,问可买三种牛各几头?

4. 甲说:我和乙、丙共有钱100元;乙说:甲和我的钱若分别为现在各自钱数的6倍和$\frac{1}{3}$,则我们三人的钱数仍为100元;丙说:我的钱不足30元.问三人现在各有多少元钱?

5. 解下列方程组:

(1) $\begin{cases} x_1 + x_2 + x_3 + x_4 = 100, \\ x_1 + 2x_2 + 3x_3 + 4x_4 = 300, \\ x_1 + 4x_2 + 9x_3 + 16x_4 = 1\,000; \end{cases}$　　(2) $\begin{cases} x_1 + x_2 + x_3 + x_4 = 100, \\ x_1 + 2x_2 + 3x_3 + 4x_4 = 300. \end{cases}$

第4节　特殊非线性不定方程的解法

在前面几节,我们介绍了线性不定方程(组)有无整数解或正整数解的判定,以及有解时的求解方法.

对非线性不定方程(组),由于没有一般的判定和求解方法,我们只能对特殊问题,采用特殊方法进行判断和求解.尽管如此,其综合性、灵活性和技巧性也往往比较强.在此举例介绍几个常用方法和简单类型.

1. 因倍分析法

例1　求方程$2(x+y)=xy+7$的整数解.

解　由方程可见,$y \neq 2$,解得$x = 2 - \frac{3}{y-2}$.

$\because x \in \mathbf{Z}$, $\therefore (y-2) \mid 3$, $\therefore y-2=\pm 1, \pm 3$, $y=3, 1, 5, -1$.

$\therefore x=-1, 5, 1, 3$, $\therefore (x, y)=(-1, 3), (5, 1), (1, 5), (3, -1)$.

不难看出,这种先解得一个未知数,后分离整数倍,再通过因倍分析得解的方法,适用于解含某个未知数指数为1的方程.

例2　求方程$x^2-14xy+75=0$的正整数解.

解　由方程解得

$$14y = \frac{x^2+75}{x} = x + \frac{75}{x},$$

$\therefore x \mid 75$.

$\because x, y \in \mathbf{N}^*$,

$\therefore$

x	1	3	5	15	25	75
$14y$	76	28	20	20	28	76
y	×	2	×	×	2	×

原方程的正整数解有两个：$(x, y)=(3, 2)$，$(25, 2)$.

2. 奇偶分析法

例3 求下列方程的正整数解：

(1) $x^2+y^2=41$； (2) $x^2+y^2=41\times 2$.

解 (1)因为41为奇数,所以x，y一奇一偶.

因为x，y对称,故不妨设x为偶数. 由方程知$x\leqslant\sqrt{41}$.

因为$41-x^2=y^2$是平方数,故可逐一把不超过$\sqrt{41}\leqslant 6$的正偶数代入$41-x^2$检验是否是平方数. 检验知只有$x=4$符合要求,故有解$(x, y)=(4, 5)$.

由对称性可知,还有另一个解$(x, y)=(5, 4)$.

(2) 因为41×2为偶数,所以x，y奇偶性相同,故$x\pm y$均为偶数.

设$\dfrac{x+y}{2}=u$，$\dfrac{x-y}{2}=v$,则

$$x=u+v,\ y=u-v\ (u>v).$$

代入原方程得$u^2+v^2=41$.

借(1)结论可知$(u, v)=(5, 4)$,故$(x, y)=(9, 1)$.

由对称性可知还有另一个解$(x, y)=(1, 9)$.

本题也可仿照(1)逐一检验当x取1～9时$41\times 2-x^2$是否是平方数,其算术平方根是否与x奇偶性相同,从而得到方程的解.

3. 因式分解法

例4 求方程$x^2-y^2=21$的整数解.

解 因为标准方程的双曲线,若在第一象限有坐标是整数的点(叫作**整点或格点**),则其在另外三个象限必有对称点. 即从本方程的一个正整数解可以写出另外三个整数解. 下面先求其正整数解.

由原方程可得

$$(x+y)(x-y)=21=1\times 21=3\times 7.$$

$\because x, y\in \mathbf{N}^*$，$\therefore x+y>x-y$.

$\therefore \begin{cases}x+y=21,\\x-y=1,\end{cases}\begin{cases}x+y=7,\\x-y=3,\end{cases}\therefore\begin{cases}x=11,\\y=10,\end{cases}\begin{cases}x=5,\\y=2.\end{cases}$

故原方程的整数解为

$(x, y)=(11, 10)$，$(11, -10)$，$(-11, 10)$，$(-11, -10)$，$(5, 2)$，$(5, -2)$，$(-5, 2)$，$(-5, -2)$.

例5 求方程$x^2-4xy+3y^2=260$的正整数解.

解 由原方程可得

$$(x-y)(x-3y)=260=2^2\times5\times13.$$

$\because x-y>x-3y$，且两因式之积、之和为偶数，故两因式均为偶数，

$\therefore \begin{cases}x-y=2\times5\times13,\\x-3y=2,\end{cases}$ 或 $\begin{cases}x-y=2\times13,\\x-3y=2\times5.\end{cases}$

解之得 $(x, y)=(194, 64), (34, 8)$.

4. 讨论余数法

例 6 求证：方程 $x^2+3xy-2y^2=122$ 无整数解.

证明 若有整数解，因为原方程

$$\Leftrightarrow 4x^2+12xy-8y^2=488$$
$$\Leftrightarrow (2x+3y)^2-17y^2=17\times29-5$$
$$\Leftrightarrow (2x+3y)^2+5=17y^2+17\times29=17(y^2+29),$$

$\therefore 17\mid[(2x+3y)^2+5]$.

设 $2x+3y=17q+r(r=0, \pm1, \pm2, \cdots, \pm8)$，则

$$(2x+3y)^2+5=17(17q^2+2qr)+(r^2+5),$$

故 $17\mid(r^2+5)$.

将 r 的 17 个允许值依次代入 r^2+5 计算得知，结果都不能被 17 整除，这与 $17\mid(r^2+5)$ 矛盾，故原方程无整数解.

5. 分析估计法

例 7 求方程 $x^3+y^3=1\,072$ 的正整数解.

解 由原方程得 $(x+y)(x^2-xy+y^2)=2^4\times67$，用因式分解法太烦琐.

$\because 1\,072-1$ 不是完全立方数，x, y 均为正数，故 $x>1$, $y>1$.

$\therefore \dfrac{1}{x}\leqslant\dfrac{1}{2}$, $\dfrac{1}{y}\leqslant\dfrac{1}{2}$, $\therefore \dfrac{1}{x}+\dfrac{1}{y}=\dfrac{x+y}{xy}\leqslant1$, $\therefore x+y\leqslant xy$.

$\because x^2+y^2\geqslant2xy$, $\therefore x^2+y^2-xy\geqslant xy\geqslant x+y$.

而 $(x+y)(x^2-xy+y^2)=2^4\times67$，又 $x+y\geqslant4$，故在该方程中，$x+y$ 只能取 4, 8, 16 三个值.

$\because (x+y)^2\geqslant x^2-xy+y^2$,

$\therefore (x+y)(x^2-xy+y^2)\leqslant(x+y)^3$.

若 $x+y\leqslant8$，则 $(x+y)^3\leqslant8^3\neq1\,072$，故 $x+y=16$.

$\therefore \begin{cases}x+y=16,\\x^2-xy+y^2=67.\end{cases}$ $\therefore \begin{cases}x=7,\\y=9,\end{cases}$ $\begin{cases}x=9,\\y=7.\end{cases}$

例 8 求方程组 $\begin{cases}x+y+z=0,\\x^3+y^3+z^3=-18\end{cases}$ 的整数解.

解 由第二个方程可见,3个未知数不可能相等.

由 $x+y+z=0$ 可知,x, y, z 不同号,将 $x=-y-z$ 代入第二个方程,并化简得 $xyz=-6$,故 x, y, z 均为6的约数,且必一负两正、负者绝对值最大.

因为 x, y, z 对称,不妨设 $x=-6$,则 $y=z=1$,而 $x+y+z=-4\neq 0$.

不妨再设 $x=-3$,则 $y=1, z=2$,或 $y=2, z=1$.

由对称性可知,方程组的整数解有下列6个:

$(x, y, z)=(-3, 1, 2), (-3, 2, 1), (1, -3, 2),$
$(2, -3, 1), (1, 2, -3), (2, 1, -3).$

习题 3.4

1. 求满足方程 $\frac{1}{x}-\frac{1}{y}=\frac{1}{12}$,且使 y 最大的正整数解.

2. 求方程 $x(x+y)=z+120$ 的质数解.

3. 求方程 $4x^2+8x-9y^2-18y=2\,004$ 的整数解.

4. 求方程 $x^2+y^2=41\times 4$ 的正整数解.

5. 求方程 $x^2-y^2=23$ 的整数解.

6. 求方程 $x^2-y^2=63$ 的整数解.

7. 求方程组 $\begin{cases}x+y+z=0,\\x^3+y^3+z^3=-36\end{cases}$ 的整数解.

8. 有两个两位数,其差为56,其平方数的末两位数字相同,求这两个两位数(1978年河南省竞赛题).

第5节 勾股数组

大家知道,直角三角形的勾、股、弦长 x, y, z 满足 $x^2+y^2=z^2$. 这个结论在我国叫作勾股定理,在国外叫作毕达哥拉斯(Pythagoras)定理.

在此,我们只讨论三元二次不定方程 $x^2+y^2=z^2$ 的正整数解及其性质.

1. 概念与性质

定义1 不定方程 $x^2+y^2=z^2$ 的正整数解 x, y, z 叫作勾股数组.

例如,3, 4, 5; 6, 8, 10; 7, 24, 25; 20, 21, 29 是4个勾股数组.

勾股数组具有如下**性质**:

(1) 若 x, y, z 是勾股数组,m 是正整数,则 mx, my, mz 也是勾股数组.

(2) 若 x, y, z 是勾股数组,$(x, y)=1$,则$(x, z)=1$, $(y, z)=1$.

(3) 若 x, y, z 是勾股数组,$(x, y)=1$,则 x, y 一奇一偶, z 为奇数.

显然,性质(1)成立. 它告诉我们: 求勾股数组,只要在条件 $(x, y)=1$ 之下得到一个,对应的会得到一系列.

下面先**证明性质(2)**.

设 $(x, z)=d>1(d \in \mathbf{N}^*)$,则

$\because d \mid x, d \mid z, \therefore d^2 \mid x^2, d^2 \mid z^2, \therefore d^2 \mid (z^2-x^2)=y^2, \therefore d \mid y$.

而 $d \mid x, d>1$,这与$(x, y)=1$ 矛盾,故$(x, z)=1$.

同理 $(y, z)=1$.

下面**证明性质(3)**.

$\because (x, y)=1, \therefore x, y$ 不可能同为偶数.

但若同为奇数,设 $x=2m+1, y=2n+1(m, n \in \mathbf{N}^*)$,则

$$z^2=x^2+y^2=4(m^2+n^2+m+n)+2, \therefore 2 \mid z^2, 4 \nmid z^2.$$

这与 z 是正整数矛盾,故 x, y 也不能同为奇数,故 x, y 一奇一偶.

因为 x, y 一奇一偶,故 x^2, y^2 一奇一偶,则 $x^2+y^2=z^2$ 必为奇数,又因为 z 为正整数,故 z 为奇数.

2. 求解

下面试求不定方程 $x^2+y^2=z^2[x, y, z \in \mathbf{N}^*, 2 \mid x, (x, y)=1]$ 的正整数解.

其中,条件 $(x, y)=1$ 是根据性质(1) 来保证方程最简;条件 $2 \mid x$ 是根据 x, y 的对称性和性质(3) 所作出的一个无妨假设.

由方程得 $x^2=(z+y)(z-y)$.

$\because 2 \mid x, \therefore \left(\frac{x}{2}\right)^2=\frac{z+y}{2} \cdot \frac{z+y}{2}$ 为完全平方数.

由性质(3)可知,y, z 均为奇数,故 $z+y$ 与 $z-y$ 同为偶数.

设 $\left(\frac{z+y}{2}, \frac{z+y}{2}\right)=d, \frac{z+y}{2}=dm, \frac{z-y}{2}=dn(m, n \in \mathbf{N}^*)$,则

$$z+y=2dm, z-y=2dn, \therefore y=(m-n)d, \therefore d \mid y.$$

而 $x^2=(z+y)(z-y)=4mnd^2, \therefore d^2 \mid x^2, \therefore d \mid x$.

由 $(x, y)=1$ 可知,$d=1$ 即$\left(\frac{z+y}{2}, \frac{z+y}{2}\right)=1$,

$\therefore \frac{z+y}{2}, \frac{z-y}{2}$ 均为完全平方数.

设 $\frac{z+y}{2}=a^2, \frac{z-y}{2}=b^2(a, b \in \mathbf{N}^*, a>b)$,则

$$\begin{cases} z = a^2 + b^2, \\ y = a^2 - b^2, \\ x = 2ab. \end{cases}$$

为使 $\left(\dfrac{z+y}{2}, \dfrac{z-y}{2}\right) = 1$ 即 $(a^2, b^2) = 1$ 成立,须有 $(a, b) = 1$.

为使 $y = (a+b)(a-b)$ 是奇数,须 a, b 一奇一偶,即 $2 \nmid (a+b)$.

由上述过程可知,原方程的解可表示为

$$\begin{cases} x = 2ab, \\ y = a^2 - b^2, \\ z = a^2 + b^2 \end{cases} [a, b \in \mathbf{N}^*, (a, b) = 1, a > b, 2 \nmid (a+b)].$$

反之,由上式得到的 x, y, z 都是原方程的解吗?这要验证是否符合方程及其条件.

显然,$x^2 + y^2 = 4a^2b^2 + (a^2 - b^2)^2 = (a^2 + b^2)^2 = z^2$.

$$x, y, z \in \mathbf{N}^*, 2 \mid x.$$

还须验证 $(x, y) = 1$.

设 $(x, y) = c$,则 $c \mid x$, $c \mid y$, $\therefore c^2 \mid x^2$, $c^2 \mid y^2$, $\therefore c^2 \mid z^2$, $\therefore c \mid z$.

$$\therefore c \mid z \pm y, \therefore c \mid 2a^2, c \mid 2b^2, \therefore c \mid (2a^2, 2b^2) = 2(a^2, b^2) = 2,$$

故 $c = 1$ 或 $c = 2$.

$$\because 2 \nmid (a+b), \therefore 2 \nmid (a-b), \therefore 2 \nmid (a+b)(a-b) = y \text{(反证易得)}.$$

即 $(x, y) \neq 2$, $\therefore (x, y) = 1$.

所以,由该式得到的 x, y, z 都是原方程的解.

这样,我们就得到了如下定理.

定理 1 不定方程 $x^2 + y^2 = z^2 [x, y, z \in \mathbf{N}^*, 2 \mid x, (x, y) = 1]$ 的正整数通解为 $\begin{cases} x = 2ab, \\ y = a^2 - b^2, \\ z = a^2 + b^2 \end{cases} [a, b \in \mathbf{N}^*, (a, b) = 1, a > b, 2 \nmid (a+b)]$.

进而,我们可以得到如下定理.

定理 2 不定方程 $x^2 + y^2 = z^2 (x, y, z \in \mathbf{N}^*, 2 \mid x)$ 的正整数通解为

$$\begin{cases} x = 2tab, \\ y = t(a^2 - b^2), \\ z = t(a^2 + b^2) \end{cases} [a, b, t \in \mathbf{N}^*, (a, b) = 1, a > b, 2 \nmid (a+b)].$$

3. 应用举例

例 1 求证:唯一连续的一组勾股数是 3, 4, 5.

证明 设连续的勾股数组为 $x-1$, x, $x+1$($x\in\mathbf{N}^*$, $x>1$),则

$$(x-1)^2+x^2=(x+1)^2,$$

解之得唯一解 $x=4$,故唯一连续的一组勾股数是 3, 4, 5.

例 2 求证:勾股数组中必有一个数是 5 的倍数.

证明 设 x, y, z 是一组勾股数,且 $x^2+y^2=z^2$,则当 $(x, y)=1$ 时,由定理 1 可知,

$$\begin{cases}x=2ab,\\ y=a^2-b^2,\\ z=a^2+b^2\end{cases}[a, b\in\mathbf{N}^*, (a, b)=1, a>b, 2\nmid(a+b)].$$

若 $5|a$ 或 $5|b$,则 $5|x$.

若 $5\nmid a$ 且 $5\nmid b$,则由费马小定理可知,$5|(a^4-1)$, $5|(b^4-1)$.

$$\therefore 5\mid[(a^4-1)-(b^4-1)]=a^4-b^4=(a^2-b^2)(a^2+b^2)=yz,$$

故 $5|y$ 或 $5|z$. 故此时命题成立.

当 $(x, y)=d>1$ 时,易证 $d\mid z$. 设 $x=dm$, $y=dn$, $z=dq[(m, n)=1]$,则 $m^2+n^2=q^2[(m, n)=1]$.

由上述证明可知,$5|m$,或 $5|n$,或 $5|q$.

故 $5|x$,或 $5|y$,或 $5|z$,即此时命题也成立.

总之,命题成立.

例 3 三边长为一组勾股数的三角形叫作**勾股三角形**. 求一个勾股三角形,使其面积值等于周长值.

解 设三边长为 x, y, z,且 $x^2+y^2=z^2$,则由题意得

$$xy=2(x+y+z).$$

当 $(x, y)=1$ 时,不妨设 $2\mid x$,由定理 1 可知,

$$\begin{cases}x=2ab,\\ y=a^2-b^2,\\ z=a^2+b^2\end{cases}[a, b\in\mathbf{N}^*, (a, b)=1, a>b, 2\nmid(a+b)].$$

代入 $xy=2(x+y+z)$,得 $b(a-b)=2$.

$\therefore a=b+\dfrac{2}{b}$, $\therefore b\mid 2$, $\therefore b=1$, $b=2$.

若 $b=1$,则 $a=3$,此时 $2\mid(a+b)$,矛盾(舍).

若 $b=2$,则 $a=3$,此时 $2\nmid(a+b)$, $\therefore (x, y, z)=(12, 5, 13)$.

当 $(x, y)=d>1$ 时,$d\mid z$,设 $x=dm$, $y=dn$, $z=dq[(m, n)=1]$.

$\therefore (n, m)=1$. 不妨设 $2\mid n$,由定理 1 可知,

$$\begin{cases}n=2ab,\\ m=a^2-b^2,\\ q=a^2+b^2\end{cases}[a, b\in\mathbf{N}^*, (a, b)=1, a>b, 2\nmid(a+b)].$$

代入 $xy=2(x+y+z)$,得 $db(a-b)=2$.

由此式可知, $d=2$, $b(a-b)=1$,故 $b=1$, $a=2$.

$\therefore (n, m, q)=(4, 3, 5)$, $\therefore (x, y, z)=(8, 6, 10)$.

总之,符合要求的勾股三角形有 2 个,其三边长为 12, 5, 13 或 8, 6, 10.

该题也可直接由方程组

$$\begin{cases} x^2+y^2=z^2, \\ xy=2(x+y+z) \end{cases}$$

消去 z 得 $xy-4x-4y+8=0$,变形为 $y=4+\dfrac{8}{x-4}$,则 $(x-4)\mid 8$.

$\therefore x-4=1, 2, 4, 8$, $\therefore x=5, 6, 8, 12$.

$\therefore (x, y, z)=(5, 12, 13), (6, 8, 10), (8, 6, 10), (12, 5, 13)$.

故符合要求的勾股三角形有 2 个,其三边长为 12, 5, 13 或 8, 6, 10.

例 4 求 $x^2+y^2=65^2$ 的整数解.

分析 显然,有含零的解 $(x, y)=(0, \pm 65), (\pm 65, 0)$.

不妨先设 $x, y\in \mathbf{N}^*$, $2\mid x$, $2\nmid y$,解得此时的正整数解之后,再由 x, y 的对称性,写出所有正整数解;最后,再写出所有非零整数解.

解 显然,有含零的解 $(x, y)=(0, \pm 65), (\pm 65, 0)$.

不妨先设 $x, y\in \mathbf{N}^*$, $2\mid x$, $2\nmid y$,则由定理 2 可得

$$\begin{cases} x=2tab, \\ y=t(a^2-b^2), [a, b, t\in \mathbf{N}^*, (a, b)=1, a>b, 2\nmid(a+b)]. \\ z=t(a^2+b^2) \end{cases}$$

代入方程 $x^2+y^2=65^2$,得 $t(a^2+b^2)=65$, $\therefore t\mid 65$, $\therefore t=1, 5, 13$.

当 $t=1$ 时, $a^2+b^2=65$, $\therefore (a, b)=(8, 1), (7, 4)$.

$\therefore (x, y)=(16, 63), (56, 33)$.

当 $t=5$ 时,同理可得 $(a, b)=(3, 2)$, $(x, y)=(60, 25)$.

当 $t=13$ 时,同理可得 $(a, b)=(2, 1)$, $(x, y)=(52, 39)$.

总之,此时有 4 个正整数解:

$(x, y)=(16, 63), (52, 39), (56, 33), (60, 25)$.

由对称性可知,共有 8 个正整数解:

$(x, y)=(16, 63), (52, 39), (56, 33), (60, 25),$
$(63, 16), (39, 52), (33, 56), (25, 60)$.

共有 32 个非零整数解:

$(x, y)=(\pm 16, \pm 63), (\pm 52, 39), (\pm 56, \pm 33), (\pm 60, \pm 25),$
$(\pm 63, \pm 16), (\pm 39, \pm 52), (\pm 33, \pm 56), (\pm 25, \pm 60)$.

共有 36 个整数解:

$(x, y)=(0, \pm 65), (\pm 16, \pm 63), (\pm 52, 39), (\pm 56, \pm 33), (\pm 60, \pm 25),$

$(\pm 65,\ 0)$，$(\pm 63,\ \pm 16)$，$(\pm 39,\ \pm 52)$，$(\pm 33,\ \pm 56)$，$(\pm 25,\ \pm 60)$.

其几何意义是：在坐标平面内，以原点为圆心，以 65 为半径的圆周上有 36 个整点.

最后，值得提请大家注意的是，方程 $x^n + y^n = z^n (n > 2,\ n \in \mathbf{N}^*)$ 没有非零整数解. 这个结论就是世界数学史上困扰了数学家们几百年的著名的**费马大定理**，关于该结论求证的探索过程，请详见本章末拓展阅读.

习题 3.5

1. 求证：在一组勾股数中，必有一个是 3 的倍数，也必有一个是 4 的倍数.
2. 勾股三角形的两个直角边之积必能被 12 整除.
3. 一组勾股数之积必能被 60 整除.
4. 求方程 $x^2 + y^2 = 15^2$ 的整数解.

第 6 节　无穷递降法

不定方程 $x^n + y^n = z^n (n > 1,\ \in \mathbf{N}^*)$ 满足 $xyz = 0$ 的整数解称为**平凡解**，而满足 $xyz \neq 0$ 的整数解称为**非凡解**.

费马在探索方程 $x^4 + y^4 = z^4$ 有无非凡解时，创造了**无穷递降法**，这个方法可以用来证明许多不定方程有无整数解等问题，下面做简单介绍.

预备定理　若 $(a,\ b) = 1$，则 ab 为平方数 $\Leftrightarrow a$ 与 b 均为平方数.

证明　因为 $(a,\ b) = 1$，所以可设 $a = \prod\limits_{k=1}^{m} p_k^{\alpha_k}$，$b = \prod\limits_{k=m+1}^{n} p_k^{\alpha_k}$ 且均为标准分解式，即 p_k 为互异质数，$\alpha_k \in \mathbf{N}^* (k = 1,\ 2,\ \cdots,\ n)$，则 $ab = \prod\limits_{k=1}^{n} p_k^{\alpha_k}$.

所以 ab 为平方数 $\Leftrightarrow \alpha_k (n = 1,\ 2,\ \cdots,\ n)$ 均为偶数 $\Leftrightarrow a$ 与 b 均为平方数.

推论　若 $a_k (n = 1,\ 2,\ \cdots,\ n)$ 两两互质，则 $\prod\limits_{k=1}^{n} a_k$ 为 q 次方数 $\Leftrightarrow a_k (n = 1,\ 2,\ \cdots,\ n)$ 均为 q 次方数.

定理　方程 $x^4 + y^4 = z^2$ 无正整数解.

反证　若方程有正整数解 $(x_0,\ y_0,\ z_0)$，则由上节勾股方程的通解可知，

$$\begin{cases} x_0^2 = 2ab, \\ y_0^2 = a^2 - b^2, \\ z_0 = a^2 + b^2 \end{cases} [a,\ b \in \mathbf{N}^*,\ (a,\ b) = 1,\ a > b,\ 2 \nmid (a + b)].$$

因为 $y_0^2=a^2-b^2$,所以 a 为一个直角三角形的斜边,b 为其一个直角边. 由勾股数的性质可知,a 奇 b 偶,故可设

$$a=u^2+v^2,\ b=2uv\quad[(u,\ v)=1],$$

则平方数 $x^2=2ab=4uv(u^2+v^2)$,由预备定理推论可知,$u,\ v,\ u^2+v^2$ 均为平方数.

故可设 $u=r^2,\ v=s^2,\ u^2+v^2=t^2[r,\ s,\ t\in\mathbf{N}^*,\ (r,\ s)=1]$,则 $r^4+s^4=t^2$,且

$$\begin{cases}x_0=2rst,\\ y_0=r^4-s^4,\\ z_0=t^4+4r^4s^4.\end{cases}$$

可见,$z_0>t^4\Rightarrow t<\sqrt[4]{z_0}<z_0$.

再解 $r^4+s^4=t^2$,同理可得 $t_1<\sqrt[4]{t}<t<\sqrt[4]{z_0}<z_0$.

依此类推,这个过程可以无限继续下去,但这与 z_0 为有限正整数矛盾.

所以,方程 $x^4+y^4=z^2$ 无正整数解.

证明该定理所采用的方法,叫作**无穷递降法**. 由定理反证易得如下推论:

推论 (1) $x^4+y^4=z^2$ 无非凡解.

(2) $x^4+y^4=z^4$ 无非凡解.

(3) $x^{4k}+y^{4k}=z^{4k}(k\in\mathbf{N}^*)$ 无非凡解.

费马曾猜想 $x^n+y^n=z^n(n>2,\ \in\mathbf{N}^*)$ 无非凡解,但没给出证明. 大约经过了100年,欧拉证明了当 $n=3$ 时猜想成立. 这之后又经过了大约250年,数学家们不断探索,直到1994年才最终证明了猜想成立,感兴趣的读者请阅读本章末的拓展阅读. 下面介绍几个无穷递降法的例子.

例1 证明下列方程没有正整数解:

(1) $x^4+4y^4=z^2$; (2) $x^4-4y^4=z^2$.

证明 (1) 假设方程有正整数解,并且其中 z 值最小的解为 $(x_0,\ y_0,\ z_0)$,则 $(x_0^2,\ 2y_0^2,\ z_0)$ 是方程 $x^2+y^2=z^2$ 的解,由勾股方程的通解,并注意到 x 与 y 有对称性,可以互换通解表达式,可得

$$\begin{cases}2y_0^2=2ab,\\ x_0^2=a^2-b^2,\ [a,\ b\in\mathbf{N}^*,\ (a,\ b)=1,\ a>b,\ 2\nmid(a+b)].\\ z_0=a^2+b^2\end{cases}$$

因为 $x_0^2=a^2-b^2$,故 $(x_0,\ b,\ a)$ 也是 $x^2+y^2=z^2$ 的解. 设其解为

$$\begin{cases}b=2uv,\\ x_0=u^2-v^2,\text{其中 } u,\ v\in\mathbf{N}^*,\ (u,\ v)=1,\ u>v,\ 2\nmid(u+v),\text{且 } u \text{ 奇 } v \text{ 偶}.\\ a=u^2+v^2,\end{cases}$$

因为 $y_0^2 = ab$ 是平方数,$(a, b) = 1$,所以 a 与 b 均为平方数,设为 $a = r^2$, $b = s^2$,则

$$\begin{cases} a = r^2 = u^2 + v^2, \\ b = s^2 = 2uv. \end{cases}$$

因为 v 是偶数,可设 $v = 2t$,则 $s^2 = 4ut$ 且$(u, t) = 1$,所以 u 与 t 均为平方数.

设 $u = m^2$, $t = n^2$,则 $r^2 = u^2 + v^2 = m^4 + 4n^4$,所以,$(m, n, r)$ 也是原方程的一个正整数解.

但是,$z_0 = a^2 + b^2 > a^2 > a = u^2 + v^2 = r^2 > r \Rightarrow r < z_0$. 矛盾.

所以,原方程没有正整数解.

(2) 因为

$$(z^2)^2 = (x^4 - 4y^4)^2 = (x^4 + 4y^4)^2 - (2xy)^4,$$

所以

$$z^4 + (2xy)^4 = (x^4 + 4y^4)^2.$$

假设原方程有正整数解 a, b, c,则 $a^4 - 4b^4 = c^2$,从而有

$$c^4 + (2ab)^4 = (a^4 + 4b^4)^2,$$

这说明 c, $2ab$, $a^4 + 4b^4$ 是 $x^4 + y^4 = z^2$ 的正整数解,与定理矛盾.

所以,方程 $x^4 - 4y^4 = z^2$ 没有正整数解.

例 2 求方程 $x^2 + y^2 + z^2 = 2xyz$ 的整数解.

解 假设方程有整数解 a, b, c,即 $a^2 + b^2 + c^2 = 2abc$.

显然,a, b, c 不可能全为奇数或两个偶数一个奇数.

若它们是两个奇数一个偶数,不妨设 $a = 2m + 1$, $b = 2n + 1$, $c = 2q$ $(m, n, q \in \mathbf{Z})$,则代入原方程得

$$(2m+1)^2 + (2n+1)^2 + (2q)^2 = 2(2m+1)(2n+1)(2q).$$

显然,上式左边只能被 2 整除,而右边可被 4 整除,即 a, b, c 也不可能是两个奇数一个偶数.

所以 a, b, c 全为偶数,因而$\frac{a}{2}$, $\frac{b}{2}$, $\frac{c}{2}$ 全为整数.

由 $a^2 + b^2 + c^2 = 2abc$ 可得

$$\left(\frac{a}{2}\right)^2 + \left(\frac{b}{2}\right)^2 + \left(\frac{c}{2}\right)^2 = 4\left(\frac{a}{2}\right)\left(\frac{b}{2}\right)\left(\frac{c}{2}\right).$$

重复上述过程,分析可知 $\frac{a}{2}$, $\frac{b}{2}$, $\frac{c}{2}$ 全为偶数,而$\frac{a}{4}$, $\frac{b}{4}$, $\frac{c}{4}$ 全为整数.

如此继续下去,会发现对一切正整数 n, $\frac{a}{2^n}$, $\frac{b}{2^n}$, $\frac{c}{2^n}$ 全为整数.

若 $abc \neq 0$,则当 n 充分大的时候,$\frac{a}{2^n}$, $\frac{b}{2^n}$, $\frac{c}{2^n}$ 不可能全是整数. 这说明 a, b, c 只能

全为 0,即原方程的整数解只有 $x=y=z=0$.

在结束本章之前,把几位数学家关于不定方程的研究成果分享给大家,内容转摘自"数学经纬网"2021 年 7 月 20 日.

虽然人们早在 2 000 多年前就开始研究不定方程,但都是对一个一个具体方程做研究,而没有系统研究过求解、判定有无解和判定解的个数是否无限的一般性方法.

直到 1909 年,这种局面才被打破.挪威数学家休厄证明了一般性结果:**三次或三次以上的两个变量的不定方程至多有有限多个整数解**(称为"休厄定理").

例如,不定方程 $x^2=2y^4-1$ 的次数为 4,那么它最多只有有限个整数解.显然 $x=y=1$ 是一个解,不易求得 $x=239$, $y=13$ 也是一个解.1942 年,另一位挪威数学家隆格伦证明了这个方程只有这两个正整数解.

1967 年,英国数学家贝克在休厄的基础上证明了:**对一类不定方程,可以估计出整数解的个数**.也就是说,可以通过有限次运算来判断某些不定方程有没有整数解.

贝克的方法是:首先求出某些不定方程整数解的绝对值上界.一旦知道解的绝对值上界,就可以通过有限步计算求出方程的全部解,只要把界内的整数一一代入方程验算即可(可用计算机验算).

贝克的这个方法,称为"有效方法"——先撒下一张大网,把所有鱼圈在网中,然后在网中捕鱼.由于贝克的出色工作,他获得了 1970 年的菲尔兹奖.

但是,利用休厄和贝克的成就只能判断不定方程有没有整数解,有多少整数解,但并没有提供一个解不定方程的一般性方法.

1970 年,苏联数学家马契耶塞维茨证明了一个重要结果:**没有求解一切不定方程的统一的、系统的方法**.难怪从古至今 2 000 多年,人们总是只能一个一个地求不定方程的解.

贝克和马契耶塞维茨的这两个成果是现代不定方程研究的重大成就,在整个不定方程史上值得大书特书.

习题 3.6

1. 求证:方程 $x^4-y^4=z^2$ 没有正整数解.
2. 如果一个直角三角形的三边长均为正整数,求证:其面积不是完全平方数.
3. 求证:方程 $x^2+y^2=x^2y^2$ 没有非凡整数解.

自测题 3

1. 选择题(24 分,每小题 4 分).

(1) 下列各式不是不定方程也不是不定方程组的是 (　　)

A. $2x+3y=1$;　　B. $xyz=3$;

C. $\begin{cases}2x+3y=1,\\ x-y=7;\end{cases}$　　D. $\begin{cases}2x+3y=1,\\ x-y+4z=7.\end{cases}$

(2) 若 $\begin{cases}2x+3y=1,\\ xyz=7\end{cases}$ 是 n 元 m 次不定方程组,则 (　　)

A. $n=2$ 或 $n=3$, $m=1$;　　B. $n=3$, $m=1$;

C. $n=3$, $m=3$ 或 $m=1$;　　D. $n=3$, $m=3$.

(3) 下列方程没有整数解的一个是 (　　)

A. $18x+3y=9$;　　B. $2x+3y=7$;

C. $2x-6y=2$;　　D. $6x+12y+18z=9$.

(4) 方程 $2x+4y=6$ 的通解为 (　　)

A. $\begin{cases}x=1+4t,\\ y=1-2t;\end{cases}$　　B. $\begin{cases}x=1-4t,\\ y=1+2t;\end{cases}$

C. $\begin{cases}x=1+2t,\\ y=1+t;\end{cases}$　　D. $\begin{cases}x=1+2t,\\ y=1-t\end{cases}$　$(t\in \mathbf{Z})$.

(5) 下列数组中不是勾股数组的是 (　　)

A. 5, 12, 13;　　B. 7, 24, 25;　　C. 8, 15, 17;　　D. 19, 20, 21.

(6) 若 $x^2+y^2=z^2$ 中 $(x, y)=1$,则下列说法不准确的是 (　　)

A. $(x, y)=1$;　　B. $(y, z)=1$;

C. x, y 一奇一偶;　　D. x, y, z 两奇一偶.

2. 填空题(24 分,每小题 3 分).

(1) 方程 $ax+by=c(ab\neq 0)$ 有整数解的充要条件是(　　).

(2) 方程 $ax+by=(a, b)$ 必(　　)整数解.

(3) 若 $(a, b, c)=1$,则 $ax+by+cz=d(abc\neq 0)$ 必(　　)整数解.

(4) 若 $ax+by+cz=d(abc\neq 0)$ 没有整数解,则(　　).

(5) 方程 $2x+3y=17$ 的正整数解的个数是(　　).

(6) 求二元一次不定方程特解的方法有(　　).

(7) 观察实验,求出 $\frac{1}{x}+\frac{1}{y}=\frac{5}{6}$ 的两个正整数解:(　　).

(8) 方程 $x^2+y^2=z^2$ 的(　　)解叫作勾股数组.

3. (15 分)用三种方法求方程 $7x+4y=100$ 的特解.

4. (12 分)解方程 $15x+10y+6z=61$.

5. (13 分)某人用一张 5 元纸币换了 1 角、2 角、5 角面值的纸币共 28 张. 问他换的三种角币各多少张?

6. (12 分)求方程 $x+y=x^2-xy+y^2$ 的整数解.

研究题3

1. 设 $(a, b, c)=1$, $(a, b)=d$, $a=da'$, $b=db'$, (x_0, y_0, z_0) 是三元一次不定方程 $ax+by+cz=n$ 的一个特解，u, v 满足 $a'u+b'v=1$. (1) 试仿照二元一次不定方程的通解公式,找出并证明方程 $ax+by+cz=n$ 整数解的通解公式; (2) 因为 a, b, c 至少两者同号,又不妨设为同正,故不妨设 a, b 为正整数,试确定通解公式表示正整数解的条件.

2. 甲、乙两个教堂的钟声同时响过之后,分别每隔 $\frac{4}{3}$ 秒和 $\frac{7}{4}$ 秒再响一声,如果因为在 $\frac{1}{2}$ 秒内敲响的两声无法区分而被视为同一声,问在 15 分钟内可以听到多少声响?

拓展阅读3

费马大定理

古希腊数学家丢番图(Diophantus)著的《算术》一书,1621 年被译成拉丁文在法国出版.

1637 年,法国业余大数学家费马从中读到"将一个平方数分为两个平方数"后,想到了更一般的问题,在页边空白处用拉丁文写了一段话:

不可能将一个立方数分为两个立方数,将一个四次幂分为两个四次幂,或者一般地将一个高于二次的幂分为两个同次幂. 关于此,我确信已发现一种奇妙的证法,可惜这里空白太小,写不下了.

这段话,用现代数学语言表述就是:

当整数 $n>2$ 时,方程 $x^n+y^n=z^n$ 没有非零整数解.

这就是著名的**费马大定理**,由于多年未获证明,也叫作费马猜想,但后人没有找到费马的证明.

一般公认,他当时不可能有正确的证明,只是用他发明的、巧妙的无穷递降法,证明了方程 $x^4+y^4=z^4$ 当 3 个未知数都不为零时,没有整数解. 而后,误认为这个方法可以证明猜想本身,便写下了那段话,但事实上,这个方法一般情况下并不适用.

猜想提出后的近 350 年来,包括莱布尼茨(Leibniz)、欧拉、高斯等大数学家在内的数学家们,不断探索,但进展缓慢.

1847 年,库默尔(Kummer)证明了指数是 100 以内的正整数时,该猜想成立. 这是一次大的飞跃! 他还在研究过程中,创立了新兴学科代数数论,这被认为是 19 世纪代数学上的最大成就,其意义已经远远超过证明该猜想本身.

1908 年,德国年轻实业家菲尔夫斯克尔(Wolfskehl),因为失恋而想自杀,无意间读到关于该猜想的"证明",遂放弃了自杀念头.为感激该猜想挽救了他的性命,他立下遗嘱,把10万马克巨款赠给哥廷根皇家科学院,条件是款项作为奖金,授予第一个证明该猜想的人,限期100年,2007年9月13日到期.

1977年,瓦格斯塔夫(Wagstaff)证明了,对每个小于125 000的质数,该猜想成立.

1983年,德国29岁的数学家法尔廷斯(Faltings)证明了莫德尔(Mordell)猜想正确,该证明间接证明了"当 $n>4$ 时,方程 $x^n+y^n=z^n$ 至多有有限个解".

1986年,瑞波特(Ribet)证明了"该猜想包含在谷山-志村猜想中",只要证明了后者也就证明了前者.

童年就痴迷于此的英国数学家安德鲁·怀尔斯(Andrew Wiles),得知这一信息后,便放弃所有与证明该猜想没有直接关系的研究,下班回家便潜心于顶楼书房面壁7年,曲折卓绝,汇聚20世纪数论几乎所有突破性成果,向该定理发起最后冲锋,终于在1993年6月23日,在剑桥大学由200多名世界数学家参加的大会上,报告宣布"我证明了费马大定理".

但是,到了11月,他的导师指出他的证明有漏洞.12月怀尔斯承认存在问题,但表示很快会克服存在的问题,并约请自己的学生泰勒(Taylor)共同研究.

直到1994年9月19日早晨,怀尔斯思维的闪电突然照亮征程,答案就在废墟中!他热泪夺眶而出.最终,他更加简洁、完美地证明了费马猜想是正确的.

至此,一个困扰了人类近400年的著名难题获得了圆满解决.

1995年5月,怀尔斯的论文《模椭圆曲线与费马大定理》发表在《数学年刊》第142卷,占满全卷130页.

1996年3月怀尔斯获得了沃尔夫奖;1997年6月27日获得10万马克悬赏大奖,离截止期限仅差10年;1998年8月获得菲尔兹特别奖.

费马大定理还能推广吗?

欧拉曾经猜想,当 $n>k$ 时,方程 $x_1^n+x_2^n+\cdots+x_k^n=y^n$ 都没有正整数解.

1986年,诺姆·埃尔吉斯(Noam Elkies)给出了方程 $x^4+y^4+z^4=w^4$ 的一个正整数解,从而推翻了这个猜想.这个反例是:

$$2\,682\,440^4+15\,365\,639^4+18\,796\,760^4=20\,615\,673^4.$$

事实上,还可举出底数更小的反例:

$$95\,800^4+217\,519^4+414\,560^4=422\,481^4,$$
$$27^5+84^5+110^5+133^5=144^5.$$

而且,当 $n\leqslant k$ 时,大定理也不能推广.例如:

$$1^2+2^2+2^2=3^2,\ 3^3+4^3+5^3=6^3.$$

第四章

连分数

导读

本章介绍简单连分数(本书简称之为连分数)的基本概念、性质和简单应用.主要包括连分数的基本概念、有理数与有限连分数的互化、连分数渐近分数的概念和基本性质、二次无理根数与无限循环连分数的互化、连分数有理近似值的求法、连分数在解不定方程与历法中的应用.

第1节 连分数的概念

如果我们手上没有平方根表和计算器,可否手工计算$\sqrt{7}$的近似值?可否用分子分母比较小的分数按预定精确度近似表示$\frac{103\,993}{33\,102}$?连分数就是解决这些问题的有力工具.

什么是连分数呢?先看一个繁分数:

$$2+\cfrac{1}{3+\cfrac{1}{2+\cfrac{1}{5}}}.$$

其特点是,每层次是一个整数与一个分子为1的正分数之和.这样的繁分数,可以简记为[2, 3, 2, 5],它可以让我们从一个新的角度研究数的性质、解决相关问题,这就是本章要学习的**连分数**.

定义1 设$a_0 \in \mathbf{Z}$, n, a_1, $\cdots$, $a_n \in \mathbf{N}^*$, $a_n > 1$,把形如

$$a_0+\cfrac{1}{a_1+\cfrac{1}{a_2+\cfrac{1}{a_3+\ddots+\cfrac{1}{a_n}}}}$$

的数称为有限连分数,记为$[a_0, a_1, a_2, a_3, \cdots, a_n]$.

不难理解,有限连分数实质上是一个分数,因此,它是一个有理数.

后面我们会证明:对无穷数列 $a_0, a_1, \cdots, a_n, \cdots$,下式

$$a_0+\cfrac{1}{a_1+\cfrac{1}{a_2+\cfrac{1}{a_3+\ddots+\cfrac{1}{a_n+\ddots}}}} \tag{$*$}$$

表示一个无理数.

定义 2 设 $a_0 \in \mathbf{Z}, n, a_1, \cdots, a_n, \cdots \in \mathbf{N}^*$,把形如式($*$)的数称为无限连分数,简记为$[a_0, a_1, a_2, a_3, \cdots, a_n, \cdots]$.

有限连分数和无限连分数统称为连分数.

例 1 化连分数$[2, 3, 1, 1, 5]$为分数.

解
$$[2, 3, 1, 1, 5]=2+\cfrac{1}{3+\cfrac{1}{1+\cfrac{1}{1+\cfrac{1}{5}}}}$$
$$=2+\cfrac{1}{3+\cfrac{1}{1+\cfrac{5}{6}}}=2+\cfrac{1}{3+\cfrac{6}{11}}=2+\frac{11}{39}=\frac{89}{39}.$$

注意到上面的计算过程是从最右边的两个数 1, 5 开始,逐步向左扩展,因而其过程可简化为:

$$\begin{aligned}&[2, 3, 1, 1, 5]\\ =&\left[2, 3, 1, 1+\frac{1}{5}\right]=\left[2, 3, 1, \frac{6}{5}\right]=\left[2, 3, 1+\frac{5}{6}\right]\\ =&\left[2, 3, \frac{11}{6}\right]=\left[2, 3+\frac{6}{11}\right]=\left[2, \frac{39}{11}\right]=2+\frac{11}{39}=\frac{89}{39}.\end{aligned}$$

由此不难理解,有限连分数具有如下性质.

定理 1 $[a_0, a_1, \cdots, a_{n-1}, a_n, a_{n+1}]=\left[a_0, a_1, \cdots, a_{n-1}, a_n+\dfrac{1}{a_{n+1}}\right]$

$= [a_0, a_1, \cdots, a_{n-1}, [a_n, a_{n+1}]]$
$= [a_0, a_1, \cdots, a_{n-r}, [a_{n-r+1}, \cdots, a_n, a_{n+1}]].$

例 2 把$-\frac{5}{12}$化为连分数.

解 负分数要先化为一个负整数与一个正的真分数之和,真分数可用“倒一倒、除一除”的方法(简称**倒除法**),依次得到各个部分的分母.

$$\begin{aligned}
-\frac{5}{12} &= -1+\frac{7}{12} \\
&= -1+\cfrac{1}{\cfrac{12}{7}} = -1+\cfrac{1}{1+\cfrac{5}{7}} \\
&= -1+\cfrac{1}{1+\cfrac{1}{\cfrac{7}{5}}} = -1+\cfrac{1}{1+\cfrac{1}{1+\cfrac{2}{5}}} \\
&= -1+\cfrac{1}{1+\cfrac{1}{1+\cfrac{1}{\cfrac{5}{2}}}} = -1+\cfrac{1}{1+\cfrac{1}{1+\cfrac{1}{2+\cfrac{1}{2}}}} \\
&= [-1, 1, 1, 2, 2].
\end{aligned}$$

可见,上一次除的除数和余数,恰为下一次除的被除数和除数. 这恰为辗转相除的过程. 而每次除得的商恰为所化成的连分数的各层次的分母. 这就告诉我们,化分数为连分数,可以用辗转相除法.

例 3 化$6.3\dot{7}$为连分数.

解 $6.3\dot{7} = 6+\frac{3}{10}+\frac{7}{100}+\frac{7}{1\,000}+\cdots = 6+\frac{17}{45}.$

2	17	45	
	11	34	
1	6	11	1
	5	6	
5	1	5	1
		5	
		0	

$\therefore 6.3\dot{7} = 6+\frac{17}{45} = [6, 2, 1, 1, 1, 5].$

由辗转相除法可知,任何两数相除的次数有限. 又因为任一有理数均可表示为分数,所以,任一有理数均可化为有限连分数.

至此，我们得到下面的定理.

定理 2 有限连分数与有理数可以互化.

由该定理也可知，无理数不可能化为有限连分数，只能化为无限连分数. 反之，无限连分数是一个无理数（下节将给出证明）.

下面通过例子介绍如何把一个无理数化为无限连分数.

例 4 把$\sqrt{2}$化为连分数.

解 仍然采用倒除法. 由于$\sqrt{2}$的整数部分为 1，可先取出 1，然后把剩余的部分变成分子为 1 的分数：

$$\sqrt{2}=1+(\sqrt{2}-1)=1+\frac{1}{\sqrt{2}+1}=1+\frac{1}{2+(\sqrt{2}-1)}.$$

由于 $\sqrt{2}-1=\dfrac{1}{2+(\sqrt{2}-1)}$，反复代入上式右端得

$$\sqrt{2}=1+\cfrac{1}{2+\cfrac{1}{2+(\sqrt{2}-1)}}=1+\cfrac{1}{2+\cfrac{1}{2+\cfrac{1}{2+(\sqrt{2}-1)}}}$$

$$=1+\cfrac{1}{2+\cfrac{1}{2+\cfrac{1}{2+\ddots}}}=[1,\ 2,\ 2,\ 2,\ 2,\ \cdots].$$

由本例可见，$\sqrt{2}$作为一个正的二次不尽根数，所化成的连分数是无限连分数，而且，从第二个数开始，循环反复以至无穷.

又如，$\sqrt{7}=[2,\ 1,\ 1,\ 1,\ 4,\ 1,\ 1,\ 1,\ 4,\ \cdots]$，也是从第二个数开始，循环反复以至无穷.

如此从某个数开始，循环反复以至无穷的连分数，称为**无限循环连分数**. 其中循环反复的一段，叫作它的一个**循环节**. 如$\sqrt{2}$的循环节是 2，$\sqrt{7}$的循环节是 1，1，1，4.

无限循环连分数

$$[a_0,\ a_1,\ a_2,\ \cdots,\ a_s,\ a_{s+1},\ a_{s+2},\ \cdots,\ a_{s+t},\ a_{s+1},\ a_{s+2},\ \cdots,\ a_{s+t},\ \cdots]$$

简记为$[a_0,\ a_1,\ a_2,\ \cdots,\ a_s,\ \dot{a}_{s+1},\ a_{s+2},\ \cdots,\ \dot{a}_{s+t}]$，其中，$a_0,\ a_1,\ a_2,\ \cdots,\ a_s$ 是不循环部分，$\dot{a}_{s+1},\ a_{s+2},\ \cdots,\ \dot{a}_{s+t}$ 是循环部分，$a_{s+1},\ a_{s+2},\ \cdots,\ a_{s+t}$ 是一个循环节.

例如：

$\sqrt{2}=[1,\ \dot{2}]$，　　　　$-\sqrt{2}=[-2,\ 1,\ 1,\ \dot{2}]$；

$\sqrt{7}=[2,\ \dot{1},\ 1,\ 1,\ \dot{4}]$，　　　　$-\sqrt{7}=[-3,\ 2,\ \dot{1},\ 4,\ 1,\ \dot{1}]$；

$-\sqrt{5}=[-3,\ 1,\ 3,\ \dot{4}]$；　　　　$-\sqrt{41}=[-6,\ \dot{2},\ 2,\ \dot{12}]$.

定理 3 一个无理数可以化为无限循环连分数的充要条件是它形如 $a+b\sqrt{c}$（$a,\ b\in\mathbf{Q}$，c 为非完全平方数）（证明可参见本书所列参考书 6）.

习题 4.1

1. 计算下列连分数的值:

(1) $[2, 3, 5, 6]$; (2) $[1, 4, 12, 5]$.

2. 把下列各数化为连分数:

(1) $\frac{5}{3}$; (2) $-\frac{11}{7}$; (3) 2.13; (4) 3.14159; (5) $0.41\dot{6}$.

3. 把$\sqrt{7}$, $-\sqrt{7}$化为连分数.

第 2 节 连分数的渐近分数

通过上节的学习已经知道,有理数与有限连分数可以互化,二次不尽根数可以化为无限循环连分数.

我们自然要继续研究,如何求一个无限连分数的值?是否有间接的、更为简单的方法对无理数实现最佳的有理逼进?这需要引进连分数渐近分数的概念,并研究其性质.

1. 连分数渐近分数的概念

定义 1 已知连分数$[a_0, a_1, a_2, a_3, \cdots, a_n, \cdots]$,令

$$\frac{p_0}{q_0}=[a_0],\ \frac{p_1}{q_1}=[a_0, a_1],\ \cdots,\ \frac{p_n}{q_n}=[a_0, a_1, \cdots, a_n],$$

则称 $\frac{p_n}{q_n}$ 为连分数$[a_0, a_1, a_2, a_3, \cdots, a_n, \cdots]$的第 $n+1$ 个渐近分数.

例 1 求$\frac{107}{95}$和-4.22的渐近分数列.

解 $\because \frac{107}{95}=[1, 7, 1, 11]$,

$\therefore \frac{p_0}{q_0}=[1]=1$, $\frac{p_1}{q_1}=[1, 7]=\frac{8}{7}$,

$\frac{p_2}{q_2}=[1, 7, 1]=\frac{9}{8}$, $\frac{p_3}{q_3}=[1, 7, 1, 11]=\frac{107}{95}$.

$\because -4.22=[-5, 1, 3, 1, 1, 5]$,

$\therefore \frac{p_0}{q_0}=[-5]=-5$, $\frac{p_1}{q_1}=[-5, 1]=-4$,

$\frac{p_2}{q_2}=[-5, 1, 3]=-\frac{17}{4}$, $\frac{p_3}{q_3}=[-5, 1, 3, 1]=-\frac{21}{5}$,

$\frac{p_4}{q_4}=[-5, 1, 3, 1, 1]=-\frac{38}{9}$, $\frac{p_5}{q_5}=[-5, 1, 3, 1, 1, 5]=-\frac{211}{50}$.

例 2 求$\frac{103\,993}{33\,102}$的渐近分数列.

解

$$\begin{aligned}\frac{103\,993}{33\,102}&=3+\frac{4\,687}{33\,102}\\&=3+\cfrac{1}{7+\cfrac{293}{4\,687}}\\&=3+\cfrac{1}{7+\cfrac{1}{15+\cfrac{292}{293}}}\\&=3+\cfrac{1}{7+\cfrac{1}{15+\cfrac{1}{1+\cfrac{1}{292}}}}.\end{aligned}$$

依次去掉“各层次”中的真分数$\frac{4\,687}{33\,102}$, $\frac{293}{4\,687}$, $\frac{292}{293}$, $\frac{1}{292}$,即可得到它的前 4 个渐近分数 3, $\frac{22}{7}$, $\frac{333}{106}$, $\frac{355}{113}$,而第 5 个就是其自身.

可见,$\frac{103\,993}{33\,102}\approx 3.141\,592\,65\cdots$,用分子分母较小而又误差很小的分数

$$\frac{22}{7}\approx 3.142\,857\,14\cdots,\ \frac{333}{106}\approx 3.141\,509\,43\cdots,\ \frac{355}{113}\approx 3.141\,592\,92\cdots$$

近似表示,其误差依次在小数点后第 3, 5, 7 位.

可以发现,这 5 个渐近分数,都是圆周率 π 的近似值.

大家知道,我国古代数学家祖冲之用分数$\frac{22}{7}$, $\frac{355}{113}$表示圆周率 π 的疏率和密率,这个精确度领先世界达千年之久,即使在现在的生活生产实践中也已经足够使用.

进而,我们用比 3.141 592 65 更精确的圆周率 π 的近似值来计算,还可得到它的渐近分数列:

$$3,\ \frac{22}{7},\ \frac{333}{106},\ \frac{355}{113},\ \frac{103\,993}{33\,102},\ \frac{104\,348}{33\,215},\ \frac{208\,341}{66\,317},\ \cdots.$$

这些渐近分数满足:

$$3<\frac{333}{106}<\frac{103\,993}{33\,102}<\frac{208\,341}{66\,317}<\pi<\frac{104\,348}{33\,215}<\frac{355}{113}<\frac{22}{7},$$

其奇数项单调递增,偶数项单调递减,从左右两边逐渐逼近真值 π.

2. 连分数渐近分数的性质

把连分数$[a_0, a_1, a_2, a_3, \cdots, a_n, \cdots]$前几个渐近分数写出来：

$$\frac{p_0}{q_0}=\frac{a_0}{1},\ \frac{p_1}{q_1}=\frac{a_1a_0+1}{a_1},\ \frac{p_2}{q_2}=\frac{a_2(a_1a_0+1)+a_0}{a_2a_1+1},\ \cdots,$$

显然,如果继续计算下去,后面的渐近分数式子更繁. 有没有办法写出第$n+1$个渐近分数呢?一般地有下面的定理.

定理1 如果连分数$[a_0, a_1, a_2, a_3, \cdots, a_n, \cdots]$的前$n+1$个渐近分数分别是$\frac{p_0}{q_0}, \frac{p_1}{q_1}, \cdots, \frac{p_n}{q_n}$,则这些渐近分数之间存在下列递推关系：

$$p_0=a_0,\ p_1=a_1a_0+1,\ p_n=a_np_{n-1}+p_{n-2},$$

$$q_0=1,\ q_1=a_1,\ q_n=a_nq_{n-1}+q_{n-2}(n\geqslant 2).$$

证明 用数学归纳法.

(1) 当$n=2$时,直接计算可知结论正确.

(2) 假设$n=k$时,结论正确,即

$$\frac{p_k}{q_k}=\frac{a_kp_{k-1}+p_{k-2}}{a_kq_{k-1}+q_{k-2}}.$$

当$n=k+1$时,

$$\frac{p_{k+1}}{q_{k+1}}=[a_0, a_1, \cdots, a_k, a_{k+1}]=\left[a_0, a_1, \cdots, a_k+\frac{1}{a_{k+1}}\right]$$

$$=\frac{\left(a_k+\frac{1}{a_{k+1}}\right)p_{k-1}+p_{k-2}}{\left(a_k+\frac{1}{a_{k+1}}\right)q_{k-1}+q_{k-2}}=\frac{a_ka_{k+1}p_{k-1}+p_{k-1}+a_{k+1}p_{k-2}}{a_ka_{k+1}q_{k-1}+q_{k-1}+a_{k+1}q_{k-2}}$$

$$=\frac{a_{k+1}(a_kp_{k-1}+p_{k-2})+p_{k-1}}{a_{k+1}(a_kq_{k-1}+q_{k-2})+q_{k-1}}=\frac{a_{k+1}p_k+p_{k-1}}{a_{k+1}q_k+q_{k-1}}.$$

即$\frac{p_{k+1}}{q_{k+1}}=\frac{a_{k+1}p_k+p_{k-1}}{a_{k+1}q_k+q_{k-1}}$.

由(1),(2)可知,结论对一切不小于2的正整数n都成立.

按定理1给出的公式,可以逐步求出连分数的渐近分数列.

例3 求$\frac{173}{55}=[3, 6, 1, 7]$的渐近分数列.

解 $p_0=3$, $q_0=1$,

$p_1=3\times 6+1=19$, $q_1=6$,

$p_2=1\times 19+3=22$, $q_2=1\times 6+1=7$,

$p_3=7\times 22+19=173$, $q_3=7\times 7+6=55$,

因而其渐近分数列为

$$\frac{p_0}{q_0}=\frac{3}{1}=3,\ \frac{p_1}{q_1}=\frac{19}{6},\ \frac{p_2}{q_2}=\frac{22}{7},\ \frac{p_3}{q_3}=\frac{173}{55}.$$

定理中给出的求渐近分数分子和分母的公式，与第一章表示两个数的最大公约数为这两个数倍数和的欧拉算法依据实质上一致.故求渐近分数分子和分母的上述过程，从第3个分子和分母开始，可以用表格的形式简单计算、表述(称为**表格法**)如下：

n	0	1	2	3
a_n	3	6	1	7
p_n	3	19	22	173
q_n	1	6	7	55

上例中还存在着如下关系：

$p_0q_1-p_1q_0=3\times6-19\times1=-1$,

$p_1q_2-p_2q_1=19\times7-22\times6=1$,

$p_2q_3-p_3q_2=22\times55-173\times7=-1$.

一般地，有下面的定理.

定理2 (1) 两个相邻的渐近分数之差为

$$\frac{p_n}{q_n}-\frac{p_{n-1}}{q_{n-1}}=\frac{(-1)^{n-1}}{q_nq_{n-1}}\quad(n\geqslant1);$$

(2) 两个相隔一个的渐近分数之差为

$$\frac{p_n}{q_n}-\frac{p_{n-2}}{q_{n-2}}=\frac{(-1)^na_n}{q_nq_{n-2}}\quad(n\geqslant2).$$

证明 (1) 当 $n=1$ 时，

$$\begin{aligned}\frac{p_1}{q_1}-\frac{p_0}{q_0}&=\frac{p_1q_0-p_0q_1}{q_0q_1}\\&=\frac{(a_1a_0+1)\times1-a_0a_1}{q_0q_1}\\&=\frac{1}{q_0q_1}=\frac{(-1)^{1-1}}{q_0q_1},\end{aligned}$$

结论正确.

假设 $n=k$ 时，结论正确，即

$$\frac{p_k}{q_k}-\frac{p_{k-1}}{q_{k-1}}=\frac{(-1)^{k-1}}{q_kq_{k-1}},$$

也就是 $p_kq_{k-1}-p_{k-1}q_k=(-1)^{k-1}$.

当 $n=k+1$ 时，

$$\begin{aligned}\frac{p_{k+1}}{q_{k+1}}-\frac{p_k}{q_k}&=\frac{p_{k+1}q_k-p_kq_{k+1}}{q_kq_{k+1}}\\&=\frac{(a_{k+1}p_k+p_{k-1})q_k-(a_{k+1}q_k+q_{k-1})p_k}{q_kq_{k+1}}\\&=\frac{p_{k-1}q_k-p_kq_{k-1}}{q_kq_{k+1}}=\frac{(-1)(-1)^{k-1}}{q_kq_{k+1}}=\frac{(-1)^k}{q_kq_{k+1}}.\end{aligned}$$

所以结论对一切 $n\geqslant 1$ 都成立.

(2) 由(1)式可知,

$$\frac{p_n}{q_n}-\frac{p_{n-1}}{q_{n-1}}=\frac{(-1)^{n-1}}{q_nq_{n-1}},$$

$$\frac{p_{n-1}}{q_{n-1}}-\frac{p_{n-2}}{q_{n-2}}=\frac{(-1)^{n-2}}{q_{n-1}q_{n-2}}=\frac{(-1)^n}{q_{n-1}q_{n-2}}.$$

上两式相加,得

$$\begin{aligned}\frac{p_n}{q_n}-\frac{p_{n-2}}{q_{n-2}}&=\frac{(-1)^{n-1}}{q_nq_{n-1}}+\frac{(-1)^n}{q_{n-1}q_{n-2}}\\&=\frac{(-1)^{n-1}q_{n-2}+(-1)^nq_n}{q_nq_{n-1}q_{n-2}}\\&=\frac{(-1)^n(-q_{n-2}+a_nq_{n-1}+q_{n-2})}{q_nq_{n-1}q_{n-2}}\\&=\frac{(-1)^na_n}{q_nq_{n-2}}.\end{aligned}$$

证毕.

定理 3 (1) 当 $n>1$ 时, $q_n\geqslant n$;

(2) $\frac{p_{2n+1}}{q_{2n+1}}<\frac{p_{2n-1}}{q_{2n-1}}$, $\frac{p_{2n}}{q_{2n}}>\frac{p_{2n-2}}{q_{2n-2}}$, $\frac{p_{2n}}{q_{2n}}<\frac{p_{2n-1}}{q_{2n-1}}$;

(3) 连分数的渐近分数都是既约分数.

证明 (1) $\because$ 当 $n>1$ 时, $a_n\geqslant 1$, $q_{n-2}\geqslant 1$,

$$\begin{aligned}\therefore q_n&=a_nq_{n-1}+q_{n-2}\geqslant q_{n-1}+1\\&\geqslant q_{n-2}+1+1\geqslant\cdots\geqslant q_1+n-1\geqslant 1+n-1=n.\end{aligned}$$

$\therefore q_n\geqslant n$.

(2) 由定理 2 可知,

$$\frac{p_{2n+1}}{q_{2n+1}}-\frac{p_{2n-1}}{q_{2n-1}}=\frac{(-1)^{2n+1}a_{2n+1}}{q_{2n+1}q_{2n-1}}<0,$$

$$\frac{p_{2n}}{q_{2n}}-\frac{p_{2n-2}}{q_{2n-2}}=\frac{(-1)^{2n}a_{2n}}{q_{2n}q_{2n-2}}>0,$$

故

$$\frac{p_{2n+1}}{q_{2n+1}} < \frac{p_{2n-1}}{q_{2n-1}},\ \frac{p_{2n}}{q_{2n}} > \frac{p_{2n-2}}{q_{2n-2}},$$

即渐近分数列中偶数项子列为递减数列：

$$\frac{p_1}{q_1} > \frac{p_3}{q_3} > \frac{p_5}{q_5} > \cdots > \frac{p_{2n-1}}{q_{2n-1}} > \frac{p_{2n+1}}{q_{2n+1}} > \cdots,$$

渐近分数列中奇数项子列为递增数列：

$$\frac{p_0}{q_0} < \frac{p_2}{q_2} < \frac{p_4}{q_4} < \cdots < \frac{p_{2n-2}}{q_{2n-2}} < \frac{p_{2n}}{q_{2n}} < \cdots.$$

∵ 相邻两项

$$\frac{p_{2n}}{q_{2n}} - \frac{p_{2n-1}}{q_{2n-1}} = \frac{(-1)^{2n-1}}{q_{2n}q_{2n-1}} = \frac{-1}{q_{2n}q_{2n-1}} < 0,$$

∴ $\quad \dfrac{p_{2n}}{q_{2n}} < \dfrac{p_{2n-1}}{q_{2n-1}}.$

(3) 由定理 2 知，$p_n q_{n-1} - p_{n-1} q_n = (-1)^{n-1}$.

若 $(p_n, q_n) = d > 1$，则 $d \mid (-1)^{n-1}$，矛盾.

∴ $(p_n, q_n) = 1$，即 $\dfrac{p_n}{q_n}$ 是既约分数.

定理 3 表明，在渐近分数列中，奇数项单调递增，偶数项单调递减，并且随着 n 的增大，相邻两个渐近分数之差的绝对值趋于零.

定理 4 无限连分数 $[a_0, a_1, a_2, a_3, \cdots, a_n, \cdots]$ 的渐近分数列 $\dfrac{p_0}{q_0}, \dfrac{p_1}{q_1}, \cdots, \dfrac{p_n}{q_n}, \cdots$ 的极限存在. 若 $\lim\limits_{n\to\infty} \dfrac{p_n}{q_n} = \alpha$，则 α 是无理数，且

$$\frac{p_0}{q_0} < \frac{p_2}{q_2} < \cdots < \frac{p_{2n}}{q_{2n}} < \cdots < \alpha < \cdots < \frac{p_{2n+1}}{q_{2n+1}} < \cdots < \frac{p_3}{q_3} < \frac{p_1}{q_1}.$$

证明 由定理 2 和定理 3 知，

$$\frac{p_{2n+1}}{q_{2n+1}} - \frac{p_{2n}}{q_{2n}} = \frac{(-1)^{2n}}{q_{2n+1}q_{2n}} > 0,$$

故

$$\frac{p_0}{q_0} < \frac{p_2}{q_2} < \cdots < \frac{p_{2n-2}}{q_{2n-2}} < \frac{p_{2n}}{q_{2n}} < \frac{p_{2n+1}}{q_{2n+1}} < \frac{p_{2n-1}}{q_{2n-1}} < \cdots < \frac{p_3}{q_3} < \frac{p_1}{q_1}.$$

可见，数列

$$\frac{p_0}{q_0},\ \frac{p_2}{q_2},\ \cdots,\ \frac{p_{2n-2}}{q_{2n-2}},\ \frac{p_{2n}}{q_{2n}},\ \cdots$$

单调递增有上界，从而极限存在.

而数列

$$\frac{p_1}{q_1},\ \frac{p_3}{q_3},\ \cdots,\ \frac{p_{2n-1}}{q_{2n-1}},\ \frac{p_{2n+1}}{q_{2n+1}},\ \cdots$$

单调递减有下界,从而也有极限.

又由定理2和定理3知,当$n \to \infty$时,

$$\left|\frac{(-1)^{2n}}{q_{2n}q_{2n+1}}\right| = \frac{1}{q_{2n}q_{2n+1}} \leqslant \frac{1}{2n(2n+1)} \to 0.$$

有

$$\lim_{n\to\infty}\left(\frac{p_{2n+1}}{q_{2n+1}} - \frac{p_{2n}}{q_{2n}}\right) = \lim_{n\to\infty}\frac{p_{2n+1}}{q_{2n+1}} - \lim_{n\to\infty}\frac{p_{2n}}{q_{2n}} = 0,$$

即

$$\lim_{n\to\infty}\frac{p_{2n+1}}{q_{2n+1}} = \lim_{n\to\infty}\frac{p_{2n}}{q_{2n}} = \lim_{n\to\infty}\frac{p_n}{q_n},$$

所以这两个极限存在且相等,并等于渐近分数列的极限.

令$\lim\limits_{n\to\infty}\frac{p_n}{q_n} = \alpha$,则

$$\frac{p_0}{q_0} < \frac{p_2}{q_2} < \cdots < \frac{p_{2n}}{q_{2n}} < \cdots < \alpha < \cdots < \frac{p_{2n+1}}{q_{2n+1}} < \cdots < \frac{p_3}{q_3} < \frac{p_1}{q_1}.$$

显然α是无理数,否则,α必可化成有限连分数,与已知矛盾.

故结论成立.

无限连分数$[a_0, a_1, a_2, a_3, \cdots, a_n, \cdots]$的渐近分数列的极限,称为该**无限连分数的值**.

由定理可知,无限连分数的值是一个无理数;其渐近分数列中,奇数项都是其不足近似值,偶数项都是其过剩近似值;渐近分数列在左右两侧跳跃逼近其真值.

在实际问题中,无限连分数的值不易求得,而是根据预定的精确度,求其近似值,下一节我们作专项介绍.

习题 4.2

1. 计算下列连分数的值及渐近分数:

(1) $[1, 2, 3, 4]$; (2) $[3, 2, 3, 4, 5]$; (3) $[2, 1, 1, 4, 1, 1]$.

2. 求下列各数的渐近分数:

(1) $\frac{7\,700}{2\,145}$; (2) 4.22; (3) $1.\dot{2}1\dot{3}$.

3. 求$2+\sqrt{3}$, $\sqrt{106}$的前6个渐近分数,并从小到大排列.

第3节 无限连分数值的计算

通过上节的学习，大家已经知道：任一无限连分数的值是一个无理数，是其渐近分数列的极限.

因为渐近分数列的通项公式一般说来非常难求，甚至不可能求，所以也就不易求得无限连分数的真值.

在实际需要时，往往是根据预定精确度的要求，求其近似值，即求其某个渐近分数值.

由上节定理 4 可知，在渐近分数列中，项数越大越接近其真值. 但如何确定第几个渐近分数满足精确度要求呢？关于用$\frac{p_n}{q_n}$近似代替 α 的误差有下面的结论，可以依此预先确定项数 n.

定理 1 若$\frac{p_n}{q_n}$是实数 α 的第 $n+1$ 个渐近分数，则 $\left|\alpha-\frac{p_n}{q_n}\right|<\frac{1}{q_n q_{n+1}}$.

证明 由上节定理 4 可知，α 在$\frac{p_n}{q_n}$与$\frac{p_{n+1}}{q_{n+1}}$之间.

由上节定理 2(1)可知，两相邻的渐近分数之差为 $\frac{p_{n+1}}{q_{n+1}}-\frac{p_n}{q_n}=\frac{(-1)^n}{q_n q_{n+1}}$，故

$$\left|\alpha-\frac{p_n}{q_n}\right|<\left|\frac{p_{n+1}}{q_{n+1}}-\frac{p_n}{q_n}\right|=\left|\frac{(-1)^n}{q_n q_{n+1}}\right|=\frac{1}{q_n q_{n+1}}.$$

例 1 求 $1+\sqrt{5}$ 精确到 10^{-4} 的有理近似值.

解 计算可知，$1+\sqrt{5}=[3, \dot{4}]$，其渐近分数列为

$$3, \frac{13}{4}, \frac{55}{17}, \frac{233}{72}, \frac{987}{305}, \cdots.$$

由定理 1 可知，从左至右依次估算相邻两个渐近分数的分母之积，只要满足大于 10^4，即可确定 n. 计算验证知，取 $n=3$ 即满足：

$$\left|1+\sqrt{5}-\frac{233}{72}\right|<\frac{1}{72\times 305}<\frac{1}{10^4}.$$

故 $1+\sqrt{5}$ 精确到 10^{-4} 的有理近似值为$\frac{233}{72}$.

下面举例介绍一种求无限循环连分数精确值的方法.

大家已经知道，任一无限循环连分数的精确值，是一个二次不尽根数. 自然可以猜想，可否构造一个一元二次方程，使其根恰为连分数的值？

例 2 求无限循环连分数$[\dot{1}]$的值.

解 设$[\dot{1}]=\alpha$,则$\alpha=[1, \alpha]$,即$\alpha=1+\dfrac{1}{\alpha}$,解得$\alpha=\dfrac{1\pm\sqrt{5}}{2}$.

由于$\alpha>0$,所以$\alpha=\dfrac{1+\sqrt{5}}{2}$.

若将该连分数的渐近分数列写出来:

$$\frac{1}{1}, \frac{2}{1}, \frac{3}{2}, \frac{5}{3}, \frac{8}{5}, \frac{13}{8}, \frac{21}{13}, \frac{34}{21}, \frac{55}{34}, \frac{89}{55}, \cdots,$$

其分子和分母均由数列

$$1, 1, 2, 3, 5, 8, 13, 21, 34, 55, 89, \cdots$$

组成.此数列称为**斐波那契(Fibonacci)数列**,这是一个非常重要的数列,具有许多重要而有趣的性质和实际应用价值,感兴趣的读者可以上网搜索了解.

例 3 求无限循环连分数$[-1, 3, \dot{1}, 2, \dot{4}]$的值.

解 设其循环部分为$\alpha=[\dot{1}, 2, \dot{4}]$,则

$$\alpha=[1, 2, 4, \alpha]=1+\cfrac{1}{2+\cfrac{1}{4+\cfrac{1}{\alpha}}},$$

化简得$9\alpha^2-11\alpha-3=0$,解得正根$\alpha=\dfrac{11+\sqrt{229}}{18}$.

故$[-1, 3, \alpha]=\left[-1, 3, \dfrac{11+\sqrt{229}}{18}\right]=\dfrac{\sqrt{229}-37}{30}$.

由上述两例可见,求循环连分数的值时,得到的总是一个整系数二次方程的正根,这一结论具有一般性.

习题 4.3

1. 计算下列连分数的值:

(1) $[-3, 1, 3, \dot{4}]$;　　(2) $[-6, \dot{2}, 2, \dot{12}]$.

2. 计算$\sqrt{18}$的精确到 0.000 01 的有理近似值,并估计误差.

第 4 节 连分数的应用

前面已经介绍过通过渐近分数,用有理逼近的方法求连分数的有理近似值. 下面再简要介绍连分数在解二元一次不定方程和历法两个方面的应用.

1. 解二元一次不定方程

按照未知数系数符号的异同分两种情况讨论.

(1) 未知数的系数同号.

设二元一次不定方程为

$$ax+by=c\ [a,\ b>0,\ (a,\ b)=1,\ a,\ b,\ c\in \mathbf{Z}],$$

把$\frac{a}{b}$化成连分数为$[a_0,\ a_1,\ \cdots,\ a_n]=\frac{p_n}{q_n}$.

因为 $\frac{p_n}{q_n}-\frac{p_{n-1}}{q_{n-1}}=\frac{(-1)^{n-1}}{q_nq_{n-1}}$,而 $p_n=a,\ q_n=b$,即有

$$aq_{n-1}-bp_{n-1}=(-1)^{n-1},$$

两边同乘以 $(-1)^{n-1}c$,可得

$$a[(-1)^{n-1}cq_{n-1}]+b[(-1)^{n}cp_{n-1}]=c.$$

可见,不定方程的一个特解为

$$\begin{cases}x_0=(-1)^{n-1}cq_{n-1},\\ y_0=(-1)^{n}cp_{n-1}.\end{cases}$$

因此,不定方程的通解为

$$\begin{cases}x=(-1)^{n-1}cq_{n-1}+bt,\\ y=(-1)^{n}cp_{n-1}-at\end{cases}(t\in \mathbf{Z}).$$

例 1 求方程 $43x+15y=8$ 的整数解.

解 化$\frac{43}{15}$为连分数$[2,\ 1,\ 6,\ 2]$,

n	0	1	2
a_n	2	1	6
p_n	2	3	20
q_n	1	1	7

故方程的一个特解为

$$\begin{cases} x_0 = (-1)^2 \times 8 \times 7 = 56, \\ y_0 = (-1)^3 \times 8 \times 20 = -160. \end{cases}$$

方程的通解为

$$\begin{cases} x = 56 + 15m = 11 + 15t, \\ y = -160 - 43m = -31 - 43t \end{cases} (t \in \mathbf{Z}).$$

(2) 未知数的系数异号.

设二元一次不定方程为

$$ax + by = c\ [a > 0, b < 0, (a, b) = 1, a, b, c \in \mathbf{Z}],$$

把$\dfrac{a}{|b|}$化成连分数为$[a_0, a_1, \cdots, a_n] = \dfrac{p_n}{q_n}$.

因为$\dfrac{p_n}{q_n} - \dfrac{p_{n-1}}{q_{n-1}} = \dfrac{(-1)^{n-1}}{q_n q_{n-1}}$,而$p_n = a$, $q_n = |b|$,即有

$$aq_{n-1} - |b| p_{n-1} = (-1)^{n-1},$$

两边同乘以$(-1)^{n-1}c$,可得

$$a[(-1)^{n-1}cq_{n-1}] + b[(-1)^{n-1}cp_{n-1}] = c.$$

可见,不定方程的一个特解为

$$\begin{cases} x_0 = (-1)^{n-1}cq_{n-1}, \\ y_0 = (-1)^{n-1}cp_{n-1}. \end{cases}$$

因此,不定方程的通解为

$$\begin{cases} x = (-1)^{n-1}cq_{n-1} + bt, \\ y = (-1)^{n-1}cp_{n-1} - at \end{cases} (t \in \mathbf{Z}).$$

例2 求方程$7x - 19y = 5$的整数解.

解 $\dfrac{7}{19} = [0, 2, 1, 2, 2]$,

n	0	1	2	3
a_n	0	2	1	2
p_n	0	1	1	3
q_n	1	2	3	8

故方程的一个特解为

$$\begin{cases} x_0 = (-1)^3 \times 5 \times 8 = -40, \\ y_0 = (-1)^3 \times 5 \times 3 = -15. \end{cases}$$

方程的通解为

$$\begin{cases} x = -40 + 19m = -2 + 19t, \\ y = -15 + 7m = -1 + 7t \end{cases} (t \in \mathbf{Z}).$$

2. 公历中的平年和闰年

现在世界上通用的公历，也叫格里哥里历，在我国又叫阳历(我国古代认太阳为阳、月亮为阴). 它由罗马教皇格里哥里十三世(Gregory XIII)于 1582 年 10 月 15 日，在原凯撒历基础上革新颁布实行. 英国及其殖民地自 1752 年 9 月 14 日起实行.

二月份 28 天为平年，29 天为闰年. 历法规定“四年一闰，百年少一闰，四百年加一闰”，其依据是什么?

地球自转一周为 1 天，绕太阳转一周即 1 个天文年是 365.242 2 天，也即 365 天 5 小时 48 分 46 秒. 写成分数为

$$365 + \frac{5}{24} + \frac{48}{24 \times 60} + \frac{46}{24 \times 60 \times 60} = 365 + \frac{10\,463}{43\,200}(\text{天}).$$

化成连分数为

$$[365, 4, 7, 1, 3, 5, 64].$$

其分数部分的渐近分数依次为

$$\frac{1}{4}, \frac{7}{29}, \frac{8}{33}, \frac{31}{128}, \frac{163}{673}, \frac{10\,463}{43\,200}.$$

历法规定平年的天数是 365 天.

第一个分数$\frac{1}{4}$表示：每 4 年加 1 天，比每年都取平年天数更精确.

第二个分数$\frac{7}{29}$表示：每 29 年加 7 天，更精确一些.

第三个分数$\frac{8}{33}$表示：每 33 年加 8 天，乘 3 得 99 年加 24 天，比 4 年加 1 天百年加 25 天少 1 天. 这正是“百年少一闰”的由来. 当然比前两个更精确.

第四个分数$\frac{31}{128}$表示：每 128 年加 31 天，由于 $400 = 128 \times 3 + 16$，即 400 年里有 3 个128 年和 4 个 4 年，所以 400 年里应加 $31 \times 3 + 1 \times 4 = 97$ 天，而按照“四年一闰，百年少一闰”的规定，400 年应加 $24 \times 4 = 96$ 天，少了 1 天. 因此，再规定“四百年加一闰”.

因此，现在我们所采用的公历就遵循“四年一闰，百年少一闰，四百年加一闰”的规定.

当然,这一规定仍有误差.因为按最后一个分数$\frac{10\,463}{43\,200}$,过 4 3200 年应加 10 463 天,由 $43\,200 \div 400 = 108$ 可知,实际按前述规定计算,43 200 年共加 $97 \times 108 = 10\,476$ 天,比应加天数多了 13 天.

虽然规定"四年一闰,百年少一闰,四百年加一闰"仍不精确,但误差已经很小,且易于实际执行和记忆.至于为什么安排在二月份等问题,感兴趣的读者可以阅读相关历法资料.

习题 4.4

利用连分数求解下列不定方程:

1. $4x + 3y = 10$;

2. $7x - 5y = 15$;

3. $235x + 412y = 10$;

4. $127x - 214y = 6$.

自测题 4

1. 选择题(24 分,每小题 4 分).

(1) 下列说法不正确的一个是 ( )

A. 有限连分数可与有理数互化;

B. 无限连分数都是无理数;

C. 无限循环连分数与二次不尽根数可以互化;

D. 无限连分数的值都不能求得精确值,只能求其近似值.

(2) 分数$\frac{4}{3}$化为连分数,其结果为 ( )

A. 1;　　B. $1+\frac{1}{3}$;　　C. $[1.\dot{3}]$;　　D. $1.\dot{3}$.

(3) 连分数[1, 2, 3, 4, 5]的第 3 个渐近分数是 ( )

A. $\frac{1}{3}$;　　B. $\frac{7}{6}$;

C. $\frac{10}{7}$;　　D. 以上都不对.

(4) 连分数的渐近分数列在趋近于其值的过程中, ( )

A. 一直单调递增趋近;　　B. 一直单调递减趋近;

C. 在其值大小两侧跳跃趋近;　　D. 根本就不趋近于其值.

(5) 连分数的渐近分数都是该连分数值的 ( )

A. 不足近似值; B. 过剩近似值;

C. 不足或过剩近似值; D. 非近似值.

(6) 圆周率 π 的第 4 个渐近分数叫作它的密率，其值为 ( )

A. 3; B. $\frac{22}{7}$; C. $\frac{355}{113}$; D. $\frac{333}{106}$.

2. 填空题(35 分，每小题 5 分).

(1) $\frac{67}{29}$的前 3 个渐近分数是( ).

(2) $\sqrt{11}$的前 3 个渐近分数是( ).

(3) 循环连分数$[1, 2, \dot{3}, 4, \dot{5}]$的不循环部分是( )，循环部分是( ).

(4) 若$\frac{p_n}{q_n}$是实数 a 的第 $n+1$ 个渐近分数，则可以预定精确度，通过计算( )使得( )成立，从而确定 n，计算 a 的有理近似值.

(5) 设方程 $ax+by=c(a>0, b<0, (a, b)=1, a, b, c\in\mathbf{Z})$.

若$\frac{a}{|b|}=[a_0, a_1, \cdots, a_n]=\frac{p_n}{q_n}$，则方程的通解为( ).

3. (16 分)求连分数$[-1, 1, 1, 2, 2]$与$[0, \dot{1}]$的值.

4. (12 分)用辗转相除法化分数$\frac{140}{39}$为连分数.

5. (13 分)求$\sqrt{11}$精确到 0.000 1 的有理近似值.

研究题 4

我国的农历在民间俗称阴历，这种称谓欠准确. 农历既采用阴历的月(月球绕地球转一周所用时间 29.530 6 天)作为 1 个月，又采用阳历的年(地球绕太阳转一周所用时间 365.242 2 天)作为 1 年，故应称之为阴阳历. 农历每隔一或两年增加一个月，叫作闰月，含闰月的那一年，叫作闰年. 试用连分数说明历法规定“隔一或两年一闰”的原因.

拓展阅读 4

农历纪年与公历纪年的换算

天文学和年代学中的许多问题可以用连分数的概念来计算和说明. 例如，我们曾通过连分数的渐近分数，说明现行公历和农历的历法依据.

下面我们介绍农历纪年与公历纪年的一种换算方法.

农历纪年,是我国特有的一种"干支纪年历",采用十"天干"与十二"地支"搭配成60年一循环的周期性"干支纪年历". 为了便于理解和运用,我们给出天干地支搭配表如下:

1 甲子	2 乙丑	3 丙寅	4 丁卯	5 戊辰	6 己巳	7 庚午	8 辛未	9 壬申	10 癸酉
11 甲戌	12 乙亥	13 丙子	14 丁丑	15 戊寅	16 己卯	17 庚辰	18 辛巳	19 壬午	20 癸未
21 甲申	22 乙酉	23 丙戌	24 丁亥	25 戊子	26 己丑	27 庚寅	28 辛卯	29 壬辰	30 癸巳
31 甲午	32 乙未	33 丙申	34 丁酉	35 戊戌	36 己亥	37 庚子	38 辛丑	39 壬寅	40 癸卯
41 甲辰	42 乙巳	43 丙午	44 丁未	45 戊申	46 己酉	47 庚戌	48 辛亥	49 壬子	50 癸丑
51 甲寅	52 乙卯	53 丙辰	54 丁巳	55 戊午	56 己未	57 庚申	58 辛酉	59 壬戌	60 癸亥

按照上表的次序,每年用一对干支表示,这种纪年法叫"干支纪年法". 从古代文献来看,干支纪年至迟在东汉初期已经普遍使用,直到今天没有间断.

干支纪年在我国历史学中广泛使用,特别是近代史中很多重要的历史事件的年代常用干支年表示. 例如,甲午战争、庚子义和团起义、戊戌变法、辛亥革命等.

公历纪年与干支纪年,可以借助"干支表"(如不记住,用时需要自己编排)和历史知识,通过**公式 $\boldsymbol{x=n+3+60m}$** 进行换算,其中,x 是公历纪年数,n 是表中干支纪年序数,m 是绝对值不超过60的合适整数.

该公式可用文字语言表述为:**公元年数,等于相应的干支年序数加3再加60的整数倍**,其中60是干支纪年最小正周期所含的年数.

因为公元纪年的开头年即公元元年又即公元1年是辛酉年,其干支序数为58,再过"3"年恰好进入下一个干支周期的开头年甲子,所以公式中有"+3".

例1 辛亥革命发生在公历哪一年?

解 辛亥年的干支序数 $n=48$,根据历史知识可知,事件大致发生在一百年前,故取 $m=31$,则公历年数为

$$x=48+3+60\times 31=1\,911.$$

例2 求2018年的干支.

解 $x=2\,018$,选取合适的整数,使整数 n 在 $1\sim 60$ 范围内取值,故可取 $m=33$,则 $n=2\,018-3-60\times 33=35$. 由干支表查出相应的干支是戊戌. 即2018年是戊戌年

(俗称狗年).

例 3 求公元前 221 年的干支.

解 天文纪年法规定,公元元年记为 1 年,由此公元前一年记为“0 年”、公元前二年记为“−1”年,依次前推.按此规定,公元前 221 年为“−220 年”,取 $m=-4$,则干支年序号为

$$n=-220-3-60\times(-4)=17,$$

查表知为庚辰年,这是秦始皇完成统一大业称帝的那一年.

可见,这种不同纪年相互验证的方法,对考证历史事件发生的年代和历史人物的生卒年龄等,都具有重要的实际应用价值.

习题、自测题和研究题答案或提示

习题 1.1

1. 1 000；1 023.

2. 10 112 358.

3. $\overline{xy}+\overline{yx}=(10x+y)+(10y+x)=11(x+y)$.

4. 153 846.

5. $(10a+5)^2=a(a+1)\times 100+25$.

6. (1) 166;(2) 2 104;(3) 1 101 111 100 001;(4) 52 114;(5) 361.

7. $1\,011\,011_{(2)}<1\,203_{(4)}$.

8. 有 4 人分别获赠 823 543，117 649，7，1 元;各有 3 人分别获赠 16 807，2 401，343，49 元. 获赠总人数为 16.

9. $89=1\times 2^6+0\times 2^5+1\times 2^4+1\times 2^3+0\times 2^2+0\times 2^1+1\times 2^0$,再用 107 乘之.

10. $503_{(7)}=305_{(9)}=248$.

习题 1.2

1. 略.

2. (1)15;(2)9;(3)封闭.

3. 16.

4. 对齐数位(对齐相同单位),低位算起(方便进位,非必须),满十进一(遵守进率).

5. 教学带余除法时默认“剩鱼数小于小猫数”,48.

6. 4.

7. c；mr.

8. 5.

9. D.

10. 提示：设 $n=7q+p(0\leqslant p<7)$.

习题 1.3

1. 略.

2. 略.

3. 略.

4. 被 2 整除时换成 0，2，4，6，8；被 5 整除时换成 0，5；被 3 整除时换成 2，5，8；被 9 整除时换成 2；被 11 整除时换成 6.

5. 无解.

6. 偶数.

7. 12，14，16.

8. 不能.

9. $m=3$，$n=21$.

10. 六人六杯传递多少人次也不能每人一杯，五人五杯时传递五人次.

11. 略.

12. 提示：4 个数只能是三奇一偶或三偶一奇.

13. 略.

14. 反证.

习题 1.4

1. 6 个.

2. 反证.

3. 分成 7 组，每组 13 人，或分成 13 组，每组 7 人.

4. 3 个.

5. 大于 2 时 9 个连续正整数至多 5 个奇数，分 5 类证其中有 1 个 5 的倍数.

6. (1) 2 027，823 是质数；(2) $n=39$ 时是质数，$n=40$ 时是合数.

7. 三组分别为：26，42，55；20，33，91；44，39，35.

8. (1) 486 平方厘米；(2) 9 699 690.

9. 1975 年 7 月 31 日.

10. 2 646.

11. 289 578 289 或 361 722 361.

12. 24.

13. $2^{49}\cdot 3^{22}\cdot 5^{15}\cdot 7^{8}\cdot 11^{4}\cdot 13^{3}\cdot 17^{2}\cdot 19^{2}\cdot 23^{2}\cdot 29\cdot 31\cdot 37\cdot 41\cdot 43\cdot 47$.

14. $2^{4}\cdot 5\cdot 17\cdot 19\cdot 23\cdot 29$.

15. 148.

习题 1.5

1. 反证.

2. 证明等式左右相互整除.

$$\begin{aligned}(62,48)&=(14,48)=(14,34)=(14,20)\\&=(14,6)=(8,6)=2.\end{aligned}$$

$(n, n-1)=(1, n-1)=1$,

$(n, n-2)=(2, n-2)=1$(n 为奇数),

$(n, n-2)=(2, n-2)=2$(n 为偶数).

3. 10!.

4. 367.92 元.

5. 570，750.

6. (1) $(150, 42) = 150 \times 2 + 42 \times (-7)$;
(2) $253 \times (-126) + 449 \times 71 = (253, 449)$.
7. $a = 31$, $b = 186$; $a = 62$, $b = 93$.
8. $a = 5$, $b = 45$; $a = 15$, $b = 35$.
9. 略.
10. 19.
11. 999 件、1 610 件.
12. 用15升的容器取满4次,倒入27升的容器,后者满2次倒回桶内,剩6升.

习题 1.6

1. 略.
2. 略.
3. $a = 15$, $b = 180$,或 $a = 45$, $b = 60$.
4. (1) 2个;(2) 998个;(3) 894个.
5. 略.
6. 12, 6 120.
7. 给第一定义式结果的分子和分母乘 m,并用第二定义式结果后面的注释等式.
8. 16 425.
9. 240.
10. 10 200元.
11. 提示:用最小公倍数的性质,左右归一.
12. 提示:用最小公倍数和最大公因数的性质,左右归一.

习题 1.7

1. 提示:分类,当 n, m 中至少一个为3的倍数时;当 n, m 中没有3的倍数且被3除余数不同时.
2. 略.
3. 两次用正整数 n 次方差公式.
4. 因为 $2 \mid n(n+1)$, $4 \mid (3^{2n+1}+1)$,所以 $8 \mid n(n+1)(3^{2n+1}+1)$.
5. 略.
6. 用组合数公式.
7. 用公式法或递推法均可.
8. 仿例9构造递推公式.
9. 略.
10. 先证4, 5, 13两两互质.
11. 用组合数公式、费马小定理等方法分别证明6, 7能整除.
12. 略.

习题 1.8

1. 质数.
2. 24.

3. 设 n，m 标准分解式，得 nm 标准分解式，用公式 $d(n)$ 和 $S(n)$.
4. (1) 128，2 515 968；(2) 125，2 929 531.
5. 144.
6. 216.
7. 都是.
8. 11，6.
9. $\frac{760}{333}$，$\frac{403}{120}$，$\frac{403}{144}$.
10. 69 300，55 440，65 520，60 480.

自测题 1

1. (1) D；(2) C；(3) B；(4) D；(5) A；(6) B；(7) D；(8) B.
2. (1) 质量相当，16，16，16.　(2) ◎.
(3) 21；
101，103，107，109，113，127，131，137，139，149，151，
157，163，167，173，179，181，191，193，197，199.
(4) $s=1$，$t=-3$.　(5) 18，868.　(6) 1.
(7) 24，9.　(8) 12；1 836.
3. 证明提示：
(1) 设 $(a, b+ka)=h$，$(a, b)=d$，证明 h，d 相互整除.
(2) 设三个质数为 $6m\pm1$，$6n\pm1$，$6q\pm1$.
(3) 利用性质和本大题第(1)题.
4. (1) 165，105；195，135.　(2) 330.　(3) 91/36.
5. 设第 2 天起每天售 n 件，则 $(35+14n) \mid 1\,995$，$n=45$，每件售价 3 百元.

研究题 1

1. (1)因为 $a=10x+y=9x+(x+y)$，所以 $9 \mid a \Leftrightarrow 9 \mid (x+y)$.
(2) 因为 $a=10x+y=10(x+2y)-19y$，所以 $19 \mid a \Leftrightarrow 19 \mid (x+2y)$.
(3) 因为 $a=10x+y=10(x+3y)-29y$，所以 $29 \mid a \Leftrightarrow 29 \mid (x+3y)$.
一般地，可猜想并仿上证明，对任意的正整数 n，有如下结论成立：

$$(10n-1) \mid a \Leftrightarrow (10n-1) \mid (x+ny).$$

进一步还可猜想并证明末位是 1 的数的整除性判别依据：
对任意的正整数 n，$(10n+1) \mid a \Leftrightarrow (10n+1) \mid (x-ny)$.
进而还可猜想并证明末位是 3 或 7 的数的整除性判别依据：
对任意的正整数 n，$(10n\pm3) \mid a \Leftrightarrow (10n\pm3) \mid [x\pm(3n\pm y)]$.
2. 例如，$(57-1)\div2=28$ 在表中，57 是合数；$(53-1)\div2=26$ 不在表中，53 是质数.
观察数表不难发现：第 k 行与第 k 列相同，即关于从左上方到右下方的对角线对称.
各行(列)都是等差数列，通项依次为

$$a_{1j}=4+3(j-1)；a_{2j}=7+5(j-1)；a_{3j}=10+7(j-1)；\cdots.$$

上述各式右边前项(表中第 1 列)成等差数列，通项为 $4+3(i-1)$，各式右边后项 $(j-1)$ 的系数(各行所成数列的公差)又成等差数列，其通项为 $3+2(i-1)$.

所以表中位于第 i 行与第 j 列交叉处的数为

$$a_{ij}=[4+3(i-1)]+[3+2(i-1)](j-1)=2ij+i+j \quad (i,\ j\in \mathbf{N}^*).$$

显然，$a_{ij}=a_{ji}$，这说明表中位于第i行与第j列交叉处的数，等于表中位于第j行与第i列交叉处的数，这与表的构成特点相吻合.

因此，一个正整数a在数表中$\Leftrightarrow a=2ij+i+j(i,\ j\in \mathbf{N}^*)$.

进而可得**判定定理**：正整数a在数表中$\Leftrightarrow 2a+1$为合数(证略).

3. 根据“各圆圈内四个数大小须搭配”这一思考目标，通过试验不难得到几个乃至十几个答案(如下图1给出了一个)，求全答案步骤如下：

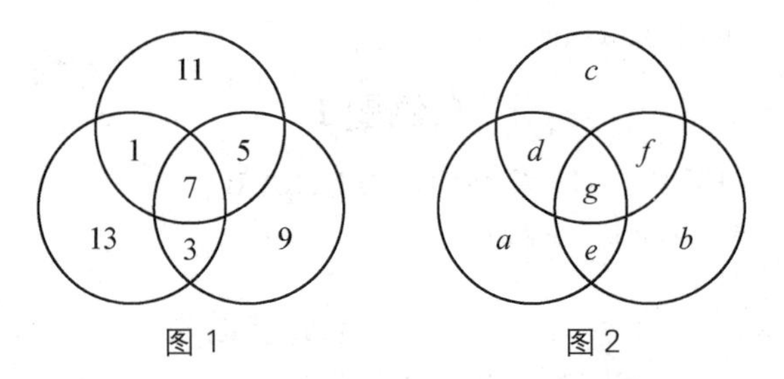

图 1　　图 2

(1) 问题代数化. 设问题答案如图2所示，且各圈内四数之和为x.

(2) 确定x.

(3) 依x定g.

(4) 依x，g定a，b，c，d，e，f，分类讨论得18个解(见下表).

(5) 求全答案：图1以11，7，3(或5，7，13；或1，7，9)所在直线为对称轴，对换处于对称位置的数，可以得到另3种填法；图1的3个圆同时顺时针旋转120°和240°，又可以得到2种填法. 因此对任一独立解，均对应另5种填法，所以，共有18×6种填法.

18个独立解表

序号	x	a	b	c	d	e	f	g
1	22	9	11	13	5	7	3	1
2	24	5	9	13	7	11	3	1
3	24	9	11	13	3	5	1	7
4	24	5	11	13	7	9	1	3
5	26	3	9	13	7	11	1	5
6	26	3	7	11	9	13	5	1
7	28	3	5	7	11	13	9	1
8	28	1	7	9	11	13	5	3
9	28	1	7	11	9	13	3	5
10	28	3	7	13	5	11	1	9
11	28	7	9	11	3	5	1	13
12	28	5	7	13	3	9	1	11
13	30	1	5	11	7	13	3	9

续 表

序号	x	a	b	c	d	e	f	g
14	30	3	7	11	5	9	1	13
15	32	1	5	9	7	11	3	13
16	32	1	3	9	7	13	5	11
17	32	1	3	5	11	13	9	7
18	34	1	3	5	9	11	7	13

习题 2. 1

1. (1),(5),(6)成立;(2),(3),(4)不成立.
2. (1) 3;(2) 6;(3) 5;(4) 1.
3. (1) √;(2) ×;(3) ×;(4) √. 反例略.
4. 略.
5. 略.
6. 一个数的末 3 位数字组成的数,能被 8 或 125 整除.
7. 24,29.
8. 1.
9. $n = 4k + 2(k \in \mathbf{N})$.
10. 只能被 9 整除,被 5,11 除依次余 4,9.
11. (1) 略;(2) 6 位能,7 位不一定.
12. 略.

习题 2. 2

1. 1,3,5,7,9,11,13,15,17.
2. 提示:$(m-1)^2$ 与 1 同余,来自一类.
3. 模 5 的最小非负完全剩余系为 0,1,2,3,4;
模 5 的绝对最小完全剩余系为 −2,−1,0,1,2;
一一对应关系:$0 \equiv 0 \pmod 5$,$1 \equiv 1 \pmod 5$,$2 \equiv 2 \pmod 5$,$3 \equiv -2 \pmod 5$,$4 \equiv -1 \pmod 5$.
4. 提示:利用模 m 的最小非负完全剩余系 0,1,2,…,$m-1$.
5. 提示:设整数 $n = 7m + t(t = -3, -2, \cdots, 2, 3)$ 证明.
6. 80 个.
7. 31,2.
8. 略.
9. 7 875.
10. 略.

习题 2. 3

1. 6.

2. 1.

3. 84.

4. 1.

5. 可.

6. 略.

7. 由费马小定理推论可得.

8. 由费马小定理推论可得.

9. 略.

10. 30.

习题 2.4

1. (1) 01，001 0;(2) 999 0，999 09.

2. (1) $0.42\dot{7}\dot{6}$；(2) $6.5\dot{0}\dot{4}$；(3) $0.1\dot{1}3\dot{8}$；(4) $0.\dot{0}07\dot{5}$；(5) $2.11\dot{6}2\dot{8}$；(6) $5.\dot{4}242\dot{2}$.

3. 前两个可以分别化为 3 位和 4 位有限小数：0.062，0.5 968；

中间两个可以化为纯循环小数,循环节长度分别为 6，3,结果分别为 $0.\dot{3}0769\dot{2}$，$0.\dot{5}6\dot{7}$；

后两个可以化为混循环小数,不循环部分的位数均为 1,循环节长度分别为 3 和 2,结果为 $0.1\dot{2}1\dot{6}$，$4.2\dot{6}\dot{3}$.

4. $\frac{1}{40}$, $\frac{333}{1\,000}$, $\frac{5}{11}$, $\frac{1\,043}{1\,111}$, $\frac{73}{90}$, $\frac{469}{1\,100}$.

5. 2 160.

6. 参照定理 3 证明.

习题 2.5

1. (1)该式不符合同余方程及其解的定义,不在本书讨论的范围.事实上,x 可以取任意实数,讨论这样的问题意义不大,故定义将其排除.

(2) 唯一.(3) 无解.(4) 唯一.(5) 5 个解.

2. (1) $x \equiv 5 \pmod 6$；(2) $x \equiv 0 \pmod 4$；(3) $x \equiv 9 \pmod{17}$；

(4) $x \equiv 534 \pmod{2\,401}$；(5) $x \equiv 200 \pmod{551}$；(6) $x \equiv 81 \pmod{337}$.

3. (1) 2 个解为 $x \equiv 6 \pmod{18}$，$x \equiv 15 \pmod{18}$.

(2) 3 个解为 $x \equiv 2 \pmod{18}$，$x \equiv 8 \pmod{18}$，$x \equiv 14 \pmod{18}$.

(3) 无解.

(4) 5 个解为 $x \equiv 200 + 551k \pmod{2\,755}$，$k = 0, 1, 2, 3, 4$.

(5) 5 个解为 $x \equiv 3 + 277k \pmod{1\,385}$，$k = 0, 1, 2, 3, 4$.

习题 2.6

1. (1) $x \equiv 57 \pmod{504}$；(2) $x \equiv 109 \pmod{440}$；(3) $x \equiv -8 \pmod{170}$,$x \equiv 77 \pmod{170}$.

2. (1) 有解;(2) 无解.

3. $a = 7k + 1$(k 是整数) 时有解.

4. (1) $x \equiv -31 \pmod{468}$;(2) $x \equiv 113 \pmod{315}$.

5. (1) $x \equiv 271 \pmod{360}$；(2) $x \equiv 127 \pmod{216}$；

(3) $x \equiv 107 \pmod{140}$; (4) $x \equiv 73 \pmod{105}$.

6. 17 人.

7. 至少 19 袋.

自测题 2

1. (1) D; (2) D; (3) A; (4) D; (5) C; (6) A; (7) C; (8) D.

2. (1) 9.　　(2) 0, 1, 2, 3, 4, 5, 6, 7, 8.

(3) 1, 2, 4, 5, 6, 7, 8.　　(4) 8, 16, 6, 20.

(5) b 既含质因数 2 或 5, 又含 2 和 5 以外的质因数.

(6) 23/100; 23/99; 21/90.　　(7) 模与 3 不互质.

(8) $k = 7t + 1(t \in \mathbf{Z})$.

3. 提示: $\because$ $100 \equiv 1 \pmod{11}$, $\therefore$ $100^k \equiv 1 \pmod{11} (k \in \mathbf{N}^*)$.

4. 余数为 8.

5. 因为 $1\,850 = 2 \times 5^2 \times 37$, 可化为混循环小数; $1.09\dot{0}2\dot{7}$.

6. $x \equiv 2 \pmod{35}$, $x \equiv 7 \pmod{35}$, $x \equiv 12 \pmod{35}$, $x \equiv 17 \pmod{35}$, $x \equiv 22 \pmod{35}$, $x \equiv 27 \pmod{35}$, $x \equiv 32 \pmod{35}$.

7. $x \equiv 107 \pmod{140}$.

8. $31n + 12m \equiv 7n \pmod{12}$.

n	1	2	3	4	5	6	7	8	9	10	11	12
$7n$	7	14	21	28	35	42	49	56	63	70	77	84
余数	7	2	9	4	11	6	1	8	3	10	5	12

可见, 方法合理.

例如, 若出生于 2 月, 和为 86, 则生日为 $(86 - 31 \times 2) \div 12 = 2$ 日.

研究题 2

1. 证明: 设同余方程组任意解中的一个值为 r, 则

$$m_1 \mid (r-a),\ m_2 \mid (r-a) \Rightarrow [m_1, m_2] \mid (r-a) \Rightarrow r \equiv a (\bmod\ [m_1, m_2]),$$

即同余方程组任意解是同余方程的解.

反之, 设同余方程任意解中的一个值为 r, 则 $r \equiv a (\bmod\ [m_1, m_2])$.

$\because$ $m_1 \mid [m_1, m_2]$, $m_2 \mid [m_1, m_2]$, $\therefore r \equiv a \pmod{m_1}$, $r \equiv a \pmod{m_2}$,

即同余方程任意解是同余方程组的解.

2. 设所选正整数是 x, 说出的 3 个余数依次为 a, b, c, 则

$$\begin{cases} x \equiv a \pmod{7}, \\ x \equiv b \pmod{11}, \text{解之得 } x \equiv 715a + 364b - 77c \pmod{1\,001}. \\ x \equiv c \pmod{13}. \end{cases}$$

将 a, b, c 代入即可得到符合要求的答案.

习题 3.1

1. (1) 无; (2) 有; (3) 有; (4) 有.

2. (1) $(-1, -2)$;(2) $(4\times 193, 3\times 193)=(772, 579)$.

3. (1) $\begin{cases}x=5+37t,\\ y=-2-15t\end{cases}(t\in\mathbf{Z})$;(2) $\begin{cases}x=3+7t,\\ y=3t\end{cases}(t\in\mathbf{Z})$.

4. (1) $\begin{cases}x=17+59t,\\ y=24+83t\end{cases}(t\in\mathbf{Z})$;(2) $\begin{cases}x=-17+59t,\\ y=-7+24t\end{cases}(t\in\mathbf{Z})$.

5. (1) $\begin{cases}y=-1+5t,\\ x=17-78t\end{cases}(t\in\mathbf{Z})$;(2) $\begin{cases}x=-1+3t,\\ y=65-11t\end{cases}(t\in\mathbf{Z})$.

6. 大盒 3 个,小盒 5 个.

7. 依次看到的里程数分别是 16, 61, 106,车速为 45(千米/时).

8. 庄李两家各交水费 69 元、36 元.

9. “今年”不同,答案不同.若“今年”是 2021 年,则为 7 岁或 25 岁.

10. 最简操作:大桶取满倒入小桶,小桶满 2 次倒回河里,小桶剩 1 升;大桶再取满,倒满小桶,小桶倒回河里,大桶剩 6 升.

习题 3.2

1. k 为 15, 30, 45, 60, 75, 90.

2. (1) $\begin{cases}x=5u+v,\\ y=-v,\\ z=9u-3v-200\end{cases}(u, v\in\mathbf{Z})$;(2) $\begin{cases}x=2v-1,\\ y=3u-3v+1,\\ z=11-5u\end{cases}(u, v\in\mathbf{Z})$;

(3) $\begin{cases}x=38-2u-4v-7q,\\ y=-38+3u+4v+7q,\\ z=v,\\ w=q\end{cases}(u, v\in\mathbf{Z})$.

3. (1) $(x, y, z)=(1, 4, 1), (3, 3, 1), (5, 2, 1), (7, 1, 1)$;(2) $(x, y, z)=(1, 2, 2)$;(3) $(x, y, z)=(2, 2, 5), (2, 5, 3), (2, 8, 1)$.

4. $(8, 2, 1), (5, 4, 1), (4, 2, 2), (2, 6, 1), (1, 4, 2)$.

5. $(6, 1, 1), (3, 2, 2), (2, 1, 4), (1, 4, 1)$.

6. 12 小时.

习题 3.3

1. (1) $\begin{cases}x=4+t,\\ y=2-2t,\\ z=2+t\end{cases}(t\in\mathbf{Z})$;(2) $\begin{cases}x=6+3t,\\ y=22-4t,\\ z=t\end{cases}(t\in\mathbf{Z})$;(3) $\begin{cases}x=2+t,\\ y=2-t,\\ z=t\end{cases}(t\in\mathbf{Z})$.

2. 中、小宿舍共有 10, 8 或 6 间.

3. 可买大牛 1 头,小牛 9 头,牛犊 90 头.

4. 10, 75, 15.

5. (1) $\begin{cases}x_1=-t,\\ x_2=50+3t,\\ x_3=-3t,\\ x_4=50+t\end{cases}(t\in\mathbf{Z})$;(2) $\begin{cases}x_1=-100+x_3+2x_4,\\ x_2=200-2x_3-3x_4\end{cases}(x_3, x_4\in\mathbf{Z})$.

习题 3.4

1. (11, 132).
2. (11, 2, 23)或(2, 59, 2).
3. (499, −334), (−501, 332), (499, 332), (−501, −334).
4. (8, 10), (10, 8).
5. (12, −11), (−12, 11), (12, 11), (−12, −11).
6. (32, 31), (32, −31), (−32, 31), (−32, −31),
   (12, 9), (12, −9), (−12, 9), (−12, −9),
   (8, 1), (8, −1), (−8, 1), (−8, −1).
7. (−4, 1, 3), (−4, 3, 1), (3, −4, 1), (3, 1, −4), (1, 3, −4), (1, −4, 3).
8. 78, 22.

习题 3.5

1. 仿照例 2 可证.
2. 先证勾股互质时成立,用其再证一般情况下成立.
3. 由例 2 与本习题第 1 题结论可证.
4. 仿例 4 可得共有 12 个整数解:

$$(x, y) = (0, \pm 15), (\pm 15, 0), (\pm 12, \pm 9), (\pm 9, \pm 12).$$

习题 3.6

1. 提示:证明与例 1(1)结论矛盾.
2. 提示:证明与习题第 1 题结论矛盾.
3. 提示:证明仿照例 2.

自测题 3

1. (1) C;(2) D;(3) D;(4) D;(5) B;(6) D.
2. (1) $(a, b) \mid c$;(2) 有;(3) 有;(4) $(a, b, c) \nmid d$;(5) 3;
   (6) 观察实验,欧拉算法,辗转相除,解同余方程;
   (7) (2, 3), (3, 2);(8) 正整数解.
3. 特解(−100, 200).
4. 通解 $\begin{cases} x = 1 + 2v, \\ y = 1 + 3u + 3v, \quad (u, v \in \mathbf{Z}). \\ z = 6 - 5u - 10v \end{cases}$
5. (9, 18, 1), (12, 14, 2), (15, 10, 3), (18, 6, 4), (21, 2, 5).
6. (0, 0), (1, 0), (0, 1), (2, 1), (1, 2), (2, 2).

研究题 3

1. (1) 设(x, y, z)是方程的任一整数解,则 $ax + by + cz = n$.

$\because ax_0 + by_0 + cz_0 = n$,

$\therefore a(x - x_0) + b(y - y_0) + c(z - z_0) = 0$,

$\therefore d \mid [a(x-x_0)+b(y-y_0)]=-c(z-z_0)$.

$\because (d, c)=(a, b, c)=1$, $\therefore d \mid (z-z_0)$.

即存在整数 t_2,使得 $z-z_0=dt_2$.

将其代入 $a(x-x_0)+b(y-y_0)=-c(z-z_0)$,得

$$a' \cdot \frac{x-x_0}{-ct_2}+b' \cdot \frac{y-y_0}{-ct_2}=1,\text{可见},\frac{x-x_0}{-ct_2}=u,\ \frac{y-y_0}{-ct_2}=v,$$

即 $\begin{cases}x=x_0-uct_2,\\ y=y_0-vct_2\end{cases}$ 为 $a(x-x_0)+b(y-y_0)=-cdt_2$,也是 $a'(x-x_0)+b'(y-y_0)=-ct_2$ 的一个特解,其通解为

$$\begin{cases}x=x_0-uct_2-b't_1,\\ y=y_0-vct_2+a't_1\end{cases}(t_1 \in \mathbf{Z}).$$

故原三元方程任一解可表示为 $\begin{cases}x=x_0-uct_2-b't_1,\\ y=y_0-vct_2+a't_1,(t_1,\ t_2 \in \mathbf{Z}).\\ z=z_0+dt_2\end{cases}$

反之,该式代入原三元方程成立,说明对任意整数 t_1, t_2,由其得到的三元有序数组是原方程的解.

总之,$\begin{cases}x=x_0-uct_2-b't_1,\\ y=y_0-vct_2+a't_1,(t_1,\ t_2 \in \mathbf{Z})\\ z=z_0+dt_2\end{cases}$ 可作为原三元方程的通解.

(2) 因为 a, b 均为正整数,则 $d>0$, $a'>0$, $b'>0$.

$$\begin{cases}x=x_0-uct_2-b't_1>0,\\ y=y_0-vct_2+a't_1>0\end{cases}\Rightarrow -\frac{y_0-vct_2}{a'}<t_1<\frac{x_0-uct_2}{b'}$$

$$\Rightarrow a'uct_2+b'vct_2<a'x_0+b'y_0\Rightarrow ct_2<a'x_0+b'y_0.$$

$$\text{又 } z=z_0+dt_2>0\Rightarrow t_2>-\frac{z_0}{d}.$$

当 $c>0$ 时,$t_2<\dfrac{a'x_0+b'y_0}{c}$, $t_2>-\dfrac{z_0}{d}$,方程有正整数解的条件为

$$\begin{cases}-\dfrac{z_0}{d}<t_2<\dfrac{a'x_0+b'y_0}{c},\\ -\dfrac{y_0-vct_2}{a'}<t_1<\dfrac{x_0-uct_2}{b'}.\end{cases}$$

当 $c<0$ 时,$t_2>\dfrac{a'x_0+b'y_0}{c}$, $t_2>-\dfrac{z_0}{d}$,方程有正整数解的条件为

$$\begin{cases}t_2>\max\left\{\dfrac{a'x_0+b'y_0}{c},-\dfrac{z_0}{d}\right\},\\ -\dfrac{y_0-vct_2}{a'}<t_1<\dfrac{x_0-uct_2}{b'}.\end{cases}$$

2. 在15分钟内,甲、乙两个教堂的钟声分别敲响了

$$60\times 15\div\frac{4}{3}=675(\text{声})\text{ 和 }60\times 15\div\frac{7}{4}=514(\text{声}).$$

假设以听甲教堂的钟声为主,即甲教堂的钟声都能听到,乙教堂的钟声与甲教堂的钟声间隔在 $\frac{1}{2}$ 秒内者听不到,又设这些听不到的钟声数目为 x,则在15分钟内可以听到的钟声数为 $675+514-x$.

设 n, m 分别是甲、乙两个教堂的钟声敲响的次序数,则 $1 \leqslant n \leqslant 675$, $1 \leqslant m \leqslant 514$. 由实际意义可知满足不等式组 $0 \leqslant \left|\frac{4}{3}n - \frac{7}{4}m\right| \leqslant \frac{1}{2}$ 的正整数 n 和 m 的个数相等,而这个相等的个数就是 x.

$$0 \leqslant \left|\frac{4}{3}n - \frac{7}{4}m\right| \leqslant \frac{1}{2} \Leftrightarrow -6 \leqslant 16n - 21m \leqslant 6.$$

设 $16n - 21m = k(-6 \leqslant k \leqslant 6)$,解之可得 $\begin{cases} n = 4k + 21t, \\ m = 3k + 16t \end{cases} (t \in \mathbf{Z})$.

由 $1 \leqslant n \leqslant 675$, $1 \leqslant m \leqslant 514$ 可得 $\begin{cases} \frac{1-4k}{21} \leqslant t \leqslant 32 + \frac{3-4k}{21}, \\ \frac{1-3k}{16} \leqslant t \leqslant 32 + \frac{2-3k}{16}. \end{cases}$

给出 $k(-6 \leqslant k \leqslant 6)$ 的各允许值,分别解上述不等式组,求得 t 的允许值个数,即前述方程组解的个数,就是 n(或 m) 的个数,也就是 x,计算知 $x = 418$.

所以,15 分钟内若不算开始的一声,可听到 $675 + 514 - 418 = 771$(声) 响.

习题 4.1

1. (1) 229/99;(2) 310/249.

2. (1) $[1, 1, 2]$;(2) $[-2, 2, 3]$;(3) $[2, 7, 1, 2, 4]$;
(4) $[3, 7, 15, 1, 25, 1, 7, 4]$;(5) $[0, 2, 2, 2]$.

3. $\sqrt{7} = [2, \dot{1}, 1, 1, \dot{4}]$; $-\sqrt{7} = [-3, 2, \dot{1}, 4, 1, \dot{1}]$.

习题 4.2

1. (1) $\frac{p_0}{q_0} = 1$, $\frac{p_1}{q_1} = \frac{3}{2}$, $\frac{p_2}{q_2} = \frac{10}{7}$, $\frac{p_3}{q_3} = \frac{43}{30}$;

(2) $\frac{p_0}{q_0} = 3$, $\frac{p_1}{q_1} = \frac{7}{2}$, $\frac{p_2}{q_2} = \frac{24}{7}$, $\frac{p_3}{q_3} = \frac{103}{30}$, $\frac{p_4}{q_4} = \frac{539}{157}$;

(3) $\frac{p_0}{q_0} = 2$, $\frac{p_1}{q_1} = 3$, $\frac{p_2}{q_2} = \frac{5}{2}$, $\frac{p_3}{q_3} = \frac{23}{9}$, $\frac{p_4}{q_4} = \frac{28}{11}$, $\frac{p_5}{q_5} = \frac{51}{20}$.

2. (1) $3, 4, \frac{7}{2}, \frac{18}{5}, \frac{61}{17}, \frac{140}{39}$;

(2) $4, \frac{17}{4}, \frac{21}{5}, \frac{38}{9}, \frac{211}{50}$;

(3) $1, \frac{5}{4}, \frac{6}{5}, \frac{17}{14}, \frac{74}{61}, \frac{165}{136}, \frac{404}{333}$.

3. $2 + \sqrt{3}$ 的前 6 个渐近分数为 $3, 4, \frac{11}{3}, \frac{15}{4}, \frac{41}{11}, \frac{56}{15}$;

从小到大排列顺序为 $3, \frac{11}{3}, \frac{41}{11}, \frac{56}{15}, \frac{15}{4}, 4$.

$\sqrt{106}$ 的前 6 个渐近分数为 $10, \frac{31}{3}, \frac{72}{7}, \frac{103}{10}, \frac{175}{17}, \frac{278}{27}$;

从小到大排列顺序为 $10, \frac{72}{7}, \frac{175}{17}, \frac{278}{27}, \frac{103}{10}, \frac{31}{3}$.

习题 4.3

1. (1) $-\sqrt{5}$;(2) $-12+\sqrt{41}$.

2. $\frac{577}{136}$, $\left|\sqrt{18}-\frac{577}{136}\right|<10^{-5}$.

习题 4.4

1. $\begin{cases}x=1-3t,\\y=2+4t\end{cases}(t\in\mathbf{Z})$;

2. $\begin{cases}x=5t,\\y=-3+7t\end{cases}(t\in\mathbf{Z})$;

3. $\begin{cases}x=114+412t,\\y=-65-235t\end{cases}(t\in\mathbf{Z})$;

4. $\begin{cases}x=118+214t,\\y=70+127t\end{cases}(t\in\mathbf{Z})$.

自测题 4

1. (1) D;(2) B;(3) C;(4) C;(5) C;(6) C.

2. (1) 2, $\frac{7}{3}$, $\frac{30}{13}$;(2) 3, $\frac{10}{3}$, $\frac{63}{19}$;(3) $[1, 2]$,$[\dot{3}, 4, \dot{5}]$;

(4) q_nq_{n+1}, $\left|a-\frac{p_n}{q_n}\right|<\frac{1}{q_nq_{n+1}}\leqslant$ 预定精确度;

(5) $\begin{cases}x=(-1)^{n-1}cq_{n-1}+bt,\\y=(-1)^{n-1}cp_{n-1}-at\end{cases}(t\in\mathbf{Z})$.

3. $-\frac{5}{12}$, $\frac{\sqrt{5}-1}{2}$.

4. $[3, 1, 1, 2, 3, 2]$.

5. 求得 $\sqrt{11}$ 的前 5 个渐近分数,第 4 个 $\frac{199}{60}$ 即为所求.

研究题 4

1 年所含有的月数为

$$365.2422\div29.5306\approx12.3683\approx[12, 2, 1, 2, 1, 16, \cdots],$$

其渐近分数列为 12, $12+\frac{1}{2}$, $12+\frac{1}{3}$, $12+\frac{3}{8}$, ….

从第四个渐近分数可见,每年计 12 个月,少计了约八分之三个月,即 8 年少计了 3 个月,所以,8 年加3 个月就比较准确了.

因此,我国农历历法规定“隔一或两年一闰”. 至于安排在哪一年闰几月份没有一定规律,可查看本书资源库文件.

附录1

数论史概说

数论的起源，要追溯到公元前500多年. 那时，人们在拥有了数的概念之后，自然会接触到数的一些性质. 而第一个研究数的性质的学者，是古希腊著名哲学家毕达哥拉斯.

毕达哥拉斯学派秉持“万物皆数”的哲学思想，为探索自然的奥秘而研究数. 他们将正整数分为奇数和偶数，研究了奇数和偶数的运算规律，提出了亲和数、完全数等概念，给出了220和284这对亲和数，以及前三个完全数6，28，496，等等. 但是，他们对正整数的研究是出于占卜等宗教活动的需要，因此，具有浓厚的宗教神秘色彩，没有严格的概念定义和推理论证.

大约在公元前300年，古希腊另一位著名的数学家欧几里得把正整数的研究推向前进. 在其著作《几何原本》中，首次给出了因数、倍数、质数、互质等基本概念的精确定义，并对所得到的结论进行了证明，从而使数论的研究严格化.

而且，欧几里得还发现质数在整数理论中的重要价值和基础地位. 他不仅证明了关于自然数和质数之间的积性关系，还证明了质数个数的无穷性，提出了计算最大公约数的辗转相除法，等等. 他的工作形成了初等数论的雏形.

公元250年前后，古希腊代数学家丢番图为初等数论开辟了一片新天地——不定方程问题. 他将自己的研究成果写成了一本《算术》，这本书开启了中世纪的初等数论研究.

大约与此同时，中国也开辟了数论的另一个领域——同余理论.《孙子算经》中记载的“物不知数”问题，就涉及同余理论的研究. 而我国南宋时期的数学家秦九韶所提出的“大衍求一术”，则比后来的高斯早了几百年，给出了具体且完备的解一次同余方程组的方法.

到了17世纪初，一位法国业余数学家费马接过了初等数论研究的大旗. 他的研究兼有欧几里得和丢番图的影子，提出了许多定理，最著名的是费马大小定理.

这两个定理都是费马在阅读丢番图的《算术》时提出的，尤其是费马大定理，基本上延续了丢番图从不定方程来发展数论的思想. 但是费马的其他猜想，也有欧几里得的影子，例如他给出的费马数.

到了18世纪，杰出的瑞士大数学家欧拉，推翻了费马数都是质数的结论，证明了费马小定理的正确性,利用连分数给出了佩尔(Pell)方程的最小解,并在其《代数指南》中使用"无穷递降法",使之成为数论研究中很重要的方法之一.

在18世纪末,数学家们发现,初等数论的研究似乎已成定局——整数的性质已经被研究得差不多了.

然而,进入19世纪,与阿基米德(Archimedes)、牛顿(Newton)并称世界数学史上三位最伟大的数学家的德国数学家高斯发表了划时代的著作《算术研究》,这又开辟了数论研究的新时代.在这本著作中,他不仅系统整理了这之前的数论中孤立的结果,而且详细阐述了自己的成果,给出了同余的标准记号和完整理论体系.

到了19世纪20年代,高斯又着重研究了二次互反律.这是一个用于判别二次剩余,即二次同余方程之整数解的存在性定律.他非常欣赏这个定律,给这个定律多种不同的证明,并且试图将它推广为三次和四次互反律.

但是经过研究之后,高斯发现,如果想让三次和四次的剩余理论像二次剩余理论一样简洁优美,其中所涉及的数就必须超出整数的范围,于是他引进复整数.

引入复整数之后,他惊奇地发现,一些初等数论中的定理在复整数中仍然成立,例如,每一个整数都能唯一地分解为质因子的乘积.如此一来,高斯打破了初等数论的困境,将数论带到了一个广阔的新天地——复整数.

到了19世纪中叶,德国数学家库默尔和戴德金(Dedekind)将高斯的研究成果成功地推广为一个全新的数论分支学科——代数数论.

在代数数论中,研究对象从正整数变成了代数整数.此外,还有代数数域.到了1898年,德国数学家希尔伯特(Hilbert)在对各代数数域的性质加以系统总结和发展后,代数数论得以定型.

与初等数论相比,代数数论涵盖更广、系统性更强.这是代数数论工作者们最值得自豪和被称赞的地方.

如果说代数数论是对初等数论研究内容广度的一个拓展的话,那么解析数论可以说是对于数论研究方法的一次创新.

解析数论的源头,可以上溯到欧拉.早在1737年,欧拉在研究无穷级数和无穷乘积的收敛性时,第一次把分析学与数论关联起来.

19世纪初叶,德国数学家狄利克雷(Dirichlet)发表了《数论讲义》,对高斯艰深难懂的著作《算术研究》给予明晰的解释并有创见,他也运用分析方法作为工具,构建了一批新函数.

在欧拉和狄利克雷为解析数论打好基础以后,1858年,德国数学家黎曼发表了一篇关于质数分布的论文,其中也正式宣告了又一个新的数论分支学科——解析数论的诞生.

在这篇论文中,他认为,质数的性质可以通过复变函数来探讨,如质数的分布,关键是研究复变函数的零点性质.至今仍没获得证明的黎曼猜想,就是对复变函数零点性质的一个猜想.从此解析数论得到了迅猛发展.

1896年,法国数学家阿达马(Hadamard)根据黎曼的方法与结果,应用整函数理论，成功地证明了质数定理，从而建立了解析数论的基础，让解析数论成为 20 世纪最活跃的数论分支之一.

解析数论在中国也卓有成效. 从杨武之，到华罗庚、王元、陈景润等，都有非常卓越的成果与贡献. 陈景润对于“1＋2”的证明，就是运用解析数论的方法来完成的，这是目前世界上证明哥德巴赫猜想最好的结果.

解析数论的创立，让许多初等数论中很难证明的定理变得简单，同时可以提出更多新的数论问题，让数论这门学科的生命力得以延续.

在数论中，除了初等数论、代数数论和解析数论之外，还有概率数论、超越数论等许多分支学科.

随着数学工具的不断优化，数论开始与代数几何深刻地联系起来，最终发展成为深刻的数学理论，如算术代数几何，它们将许多以前的研究方法和观点统一起来，为形成“大统一”的思想“朗兰兹纲领”的建立奠定了基础.

朗兰兹纲领 (Langlands Program)指出了数论、代数几何、群表示论这三个独立数学分支之间可能存在密切关系，可以通过一种 L-函数联系起来，并由此细化发展成一系列猜想.

许多数学家认为，如果能证明朗兰兹纲领成立，就意味着可以构建出数学中的大一统理论. 费马大定理的获证成为其有力的支撑，也对未来数论其他问题的解决提供了有益的启示.

数论研究的最大收获不是解决了多少实际问题，而是发现了看似不相关的数学领域存在着某种深刻、内在的联系，促进着现代数学的“大统一”，指导着未来数学的发展方向(微信公众号“数学真美”2020 年 7 月 20 日).

以上提到的数学家们，多数不是数论的专家. 他们在数学的其他领域，乃至在数学以外的天文和物理等领域，大多也有辉煌的研究成果和杰出的德才表现.

在数论研究中，除了前面提到的数学家之外，还有许多数学家作出了卓越的贡献，取得了丰硕的成果，留下了可歌可泣或风趣迷人的故事.

现代数论已经渗透到数学的许多分支学科和计算机等其他数学以外的学科. 渗透与结合所产生的成果，已经被广泛应用于密码、信号、计算机性能检验等众多领域.

在数论中，还有许多看似简单实则非常困难的问题没有解决，如哥德巴赫猜想和黎曼猜想等. 为了解决这些难题，数学家们曾经还必将作出不懈的努力，曾经还必将留下激动人心的成果和故事.

感兴趣的读者，可以阅读其他相关书籍详细了解.

附录 2

RSA 加密算法

（改编自微信公众号“超级数学建模”）

1. 人类加密史

公元前 5 世纪，古希腊人使用一根叫 scytale 的棍子来传递加密信息. 要加密时，先绕棍子卷一张纸条，把信息沿棒水平方向写，写一个字旋转一下，直到写完. 解下来后，纸条上的文字消息杂乱无章，这就是密文. 将它绕在另一根同等尺寸的棒子上后，就能看到原始的消息. 如果不知道棍子的粗细，则无法解密里面的内容.

公元前 1 世纪，凯撒大帝为了能够确保他与远方的将军之间的通信不被敌人的间谍所获知，发明了 Caesar 密码. 每个字母都与其后第 3 位字母对应，然后进行替换，比如，“a”对应于“d”，“b”对应于“e”，依此类推.

20 世纪早期，德国发明了名为 enigma 的轮转加密机，能对明文进行自动加密，产生的可能性高达 1 016 种，当时处于世界领先地位，“二战”期间被德军大量使用. 盟军在很长时间内一筹莫展. 后来，波兰人首先破译了德军密码，并发明了名为 Bomba 的密码破译机，能在 2 个小时内破解密码. 波兰人在被占领前夕，把 Bomba 交给了英国，并在布莱切利园(Bletchley Park)内继续研发. “一位被击倒的骑士在最后一刻把宝剑交给了他的战友.”

就在这里，在众多科学家的努力下，设计出了世界上第一台电子计算机巨人(Colossus)，破解了大量德军密文，为逆转形势提供了大量重要情报. 如果密码没有破译成功，盟军可能战败，历史可能被改写.

关于密码学历史，有许多动人的故事，但事实上密码学一直发展缓慢. 其实在 1976 年以前，所有的加密方法都是同一种模式：

(1) 甲方选择一种加密规则，对信息进行加密；

(2) 乙方使用同一种规则，对信息进行解密.

由于加密和解密使用同样规则（简称”密钥”），于是这种模式被称为“对称加密算法”. 这种模式有一个最大弱点：甲方必须把密钥告诉乙方，否则无法解密. 保存和传递密钥，就成了最头疼的问题.

2. RSA 算法走上历史舞台

时间来到了 1976 年,两位美国计算机学家威特菲尔德·迪菲(Whitfield Diffie)和马丁·赫尔曼(Martin Hellman),首次证明可以在不直接传递密钥的情况下,完成解密. 这被称为"Diffie-Hellman 密钥交换算法"(DH 算法).

DH 算法的出现有着划时代的意义:从这一刻起,启示人们加密和解密可以使用不同的规则,只要规则之间存在某种对应关系即可. 这种新的模式也被称为"非对称加密算法":

(1) 乙方生成两把密钥——公钥和私钥. 公钥是公开的,任何人都可以获得,私钥则是保密的.

(2) 甲方获取乙方的公钥,用它对信息加密.

(3) 乙方得到加密后的信息,用私钥解密.

公钥加密的信息只有私钥解得开,只要私钥不泄漏,通信就是安全的.

就在 DH 算法发明后一年,1977 年,罗纳德·李维斯特(Ron Rivest)、阿迪·萨莫尔(Adi Shamir)和伦纳德·阿德曼(Leonard Adleman)在麻省理工学院一起提出了 RSA 算法,RSA 就是他们三人姓氏开头字母拼在一起组成的.

新诞生的 RSA 算法特性比 DH 算法更为强大,因为 DH 算法仅用于密钥分配,而 RSA 算法可以进行信息加密,也可以用于数字签名. 另外,RSA 算法的密钥越长,破解的难度以指数增长.

因为其强大的性能,可以毫不夸张地说,只要有计算机网络的地方,就有 RSA 算法.

3. RSA 算法是这样工作的

RSA 算法名震江湖,那它到底是如何工作的呢?

第一步,随机选择两个不相等的质数 p 和 q.

第二步,计算 p 和 q 的乘积 n. n 的长度就是密钥长度,一般以二进制表示,且长度是 2 048 位. 位数越长,则越难破解.

第三步,计算 n 的欧拉函数 $\varphi(n)$.

第四步,随机选择一个整数 e,其中 $1 < e < \varphi(n)$,且 e 与 $\varphi(n)$ 互质.

第五步,计算 e 对于 $\varphi(n)$ 的模反元素 d. 所谓"模反元素"就是指有一个整数 d,可以使得 ed 被 $\varphi(n)$ 除的余数为 1.

第六步,将 n 和 e 封装成公钥 (n, e),n 和 d 封装成私钥 (n, d).

假设用户 A 要向用户 B 发送加密信息 m,他要用公钥 (n, e) 对 m 进行加密. 加密过程实际上是算一个式子.

用户 B 收到信息 c 以后,就用私钥 (n, d) 进行解密. 解密过程也是算一个式子,这样用户 B 知道了用户 A 发的信息是 m.

用户 B 只要保管好数字 d 不公开,别人将无法根据传递的信息 c 得到加密信息 m.

RSA 算法以 (n, e) 作为公钥,那么有无可能在已知 n 和 e 的情况下,推导出 d?

(1) $ed \equiv 1(\bmod \varphi(n))$. 只有知道 e 和 $\varphi(n)$，才能算出 d.

(2) $\varphi(n)=(p-1)(q-1)$. 只有知道 p 和 q，才能算出 $\varphi(n)$.

(3) $n=pq$. 只有将 n 因数分解，才能算出 p 和 q.

所以，如果 n 可以被很简单地分解，则很容易算出 d，意味着信息被破解.

但是目前大整数的因式分解，是一件非常困难的事情.

4. RSA 算法逐步被运用到各个方面

现在非常多的地方运用了 RSA 算法. 最重要的运用，莫过于信息在互联网上传输的保障. 运用 RSA 算法，信息在传输过程中即使被截获，也难以进行解密，保证信息传输的安全. 只有拥有私钥的人，才可能对信息进行解读.

银行交易的 U 盾，是用户身份的唯一证明. U 盾第一次使用时，运用 RSA 算法，产生私钥并保存在 U 盾之中. 在以后的使用中，用私钥解密交易信息，才能执行后面的交易操作，保障用户的利益.

现在假冒伪劣产品不少，企业需要使用一些防伪手段. 目前最常见的是二维码防伪，方便消费者通过简单的扫一扫操作进行产品验证. 但是二维码如果以明文形式展示，则容易被不法分子利用，目前已有人运用 RSA 算法对二维码的明文进行加密，保障消费者的利益.

5. 算力即将大幅提升，现有算法可能不堪一击

RSA 算法是这个时代最优秀的加密算法之一，其安全性建立在一个数学事实之上：将两个大质数相乘非常容易，但要对其乘积进行因式分解却非常困难. 因此，可以将其乘积公开作为加密的密钥.

“江山代有才人出，各领风骚数百年.”一个时代，必然有属于这个时代的优秀算法，RSA 算法是我们所处这个时代的佼佼者. 但随着量子计算机的诞生，计算能力即将急剧增长，算力在未来可能不是一个稀缺物品.

而算力又是破解 RSA 算法的唯一钥匙. 到那个时候，又有什么算法能够保障我们的信息安全呢?

附录 3

3 000 以内质数表

2	3	5	7	11	13	17	19
23	29	31	37	41	43	47	53
59	61	67	71	73	79	83	89
97	101	103	107	109	113	127	131
137	139	149	151	157	163	167	173
179	181	191	193	197	199	211	223
227	229	233	239	241	251	257	263
269	271	277	281	283	293	307	311
313	317	331	337	347	349	353	359
367	373	379	383	389	397	401	409
419	421	431	433	439	443	449	457
461	463	467	479	487	491	499	503
509	521	523	541	547	557	563	569
571	577	587	593	599	601	607	613
617	619	631	641	643	647	653	659
661	673	677	683	691	701	709	719
727	733	739	743	751	757	761	769
773	787	797	809	811	821	823	827
829	839	853	857	859	863	877	881
883	887	907	911	919	929	937	941
947	953	967	971	977	983	991	997
1 009	1 013	1 019	1 021	1 031	1 033	1 039	1 049
1 051	1 061	1 063	1 069	1 087	1 091	1 093	1 097
1 103	1 109	1 117	1 123	1 129	1 151	1 153	1 163
1 171	1 181	1 187	1 193	1 201	1 213	1 217	1 223
1 229	1 231	1 237	1 249	1 259	1 277	1 279	1 283
1 289	1 291	1 297	1 301	1 303	1 307	1 319	1 321
1 327	1 361	1 367	1 373	1 381	1 399	1 409	1 423
1 427	1 429	1 433	1 439	1 447	1 451	1 453	1 459
1 471	1 481	1 483	1 487	1 489	1 493	1 499	1 511
1 523	1 531	1 543	1 549	1 553	1 559	1 567	1 571

1 579	1 583	1 597	1 601	1 607	1 609	1 613	1 619
1 621	1 627	1 637	1 657	1 663	1 667	1 669	1 693
1 697	1 699	1 709	1 721	1 723	1 733	1 741	1 747
1 753	1 759	1 777	1 783	1 787	1 789	1 801	1 811
1 823	1 831	1 847	1 861	1 867	1 871	1 873	1 877
1 879	1 889	1 901	1 907	1 913	1 931	1 933	1 949
1 951	1 973	1 979	1 987	1 993	1 997	1 999	2 003
2 011	2 017	2 027	2 029	2 039	2 053	2 063	2 069
2 081	2 083	2 087	2 089	2 099	2 111	2 113	2 129
2 131	2 137	2 141	2 143	2 153	2 161	2 179	2 203
2 207	2 213	2 221	2 237	2 239	2 243	2 251	2 267
2 269	2 273	2 281	2 287	2 293	2 297	2 309	2 311
2 333	2 339	2 341	2 347	2 351	2 357	2 371	2 377
2 381	2 383	2 389	2 393	2 399	2 411	2 417	2 423
2 437	2 441	2 447	2 459	2 467	2 473	2 477	2 503
2 521	2 531	2 539	2 543	2 549	2 551	2 557	2 579
2 591	2 593	2 609	2 617	2 621	2 633	2 647	2 657
2 659	2 663	2 671	2 677	2 683	2 687	2 689	2 693
2 699	2 707	2 711	2 713	2 719	2 729	2 731	2 741
2 749	2 753	2 767	2 777	2 789	2 791	2 797	2 801
2 803	2 819	2 833	2 837	2 843	2 851	2 857	2 861
2 879	2 887	2 897	2 903	2 909	2 917	2 927	2 939
2 953	2 957	2 963	2 969	2 971	2 999		

主要参考书目

1. 朱元森. 浅论整数. 石家庄：河北人民出版社，1981.
2. 北京教育学院师范教研室. 整数基础知识. 北京：北京出版社，1982.
3. 周春荔. 数论初步. 北京：北京师范大学出版社，1999.
4. 晏能中. 初等数论. 成都：电子科技大学出版社，1992.
5. 刘效丽. 初等数论. 北京：人民教育出版社，2003.
6. 潘承洞，潘承彪. 初等数论（第二版）. 北京：北京大学出版社，2003.
7. 人民教育出版社小学数学室. 小学数学教材教法（第一册）. 北京：人民教育出版社，2001.
8. 单墫. 初等数论. 南京：南京大学出版社，2000.
9. [美]阿尔伯特·H·贝勒. 数论妙趣. 谈祥柏，译. 上海：上海教育出版社，1998.
10. 金成樑. 小学数学竞赛指导. 北京：人民教育出版社，2005.
11. 张顺燕. 数学的源与流. 北京：北京大学出版社，2002.
12. 华罗庚，苏步青. 中国大百科全书·数学. 北京·上海：中国大百科全书出版社，1988.

图书在版编目(CIP)数据

初等数论/李同贤编著. —2 版. —上海:复旦大学出版社,2022.6(2024.8 重印)
高等院校小学教育专业教材
ISBN 978-7-309-16162-5

Ⅰ.①初… Ⅱ.①李… Ⅲ.①初等数论—教学法—高等学校—教材 Ⅳ.①O156

中国版本图书馆 CIP 数据核字(2022)第 087426 号

初等数论
李同贤 编著
责任编辑/陆俊杰

复旦大学出版社有限公司出版发行
上海市国权路 579 号 邮编:200433
网址: fupnet@fudanpress.com http://www.fudanpress.com
门市零售: 86-21-65102580 团体订购: 86-21-65104505
出版部电话: 86-21-65642845
上海华业装潢印刷厂有限公司

开本 787 毫米×1092 毫米 1/16 印张 11.25 字数 246 千字
2024 年 8 月第 2 版第 6 次印刷
印数 24 501—27 600

ISBN 978-7-309-16162-5/O · 711
定价: 40.00 元